신 수학과 교육과정의 핵심역량 반영

완전타파 과정 중심

서술형 문제

김진호 · 홍선주 · 박기범 공저

3학년 2학기

교육과학사

서술형 문제! 왜 필요한가?

과거에는 수학에서도 계산방법을 외워 숫자를 계산방법에 대입하여 답을 구하는 지식 암기 위주의 학습이 많았습니다. 그러나 국제 학업 성취도 평가인 PISA와 TIMSS의 평가 경향이 바뀌고 싱가폴을 비롯한 선진국의 교과교육과정과 우리나라 학교 교육과정이 개정되며 암기 위주에서 벗어나 창의성을 강조하는 방향으로 변경되고 있습니다. 평가 방법에서는 기존의 선다형 문제, 주관식 문제에서 벗어나 서술형 문제가 도입되었으며 갈수록 그 비중이 커지는 추세입니다. 자신이 단순히 알고 있는 것을 확인하는 것에서 벗어나 아는 것을 논리적으로 정리하고 표현하는 과정과 의사소통능력을 중요시하게 되었습니다. 즉, 앞으로는 중요한 창의적 문제 해결 능력과 개념을 논리적으로 설명하는 능력을 길러주기 위한 학습과 그에 대한 평가가 필요합니다.

이 책의 특징은 다음과 같습니다.

계산을 아무리 잘하고 정답을 잘 찾아내더라도 서술형 평가에서 요구하는 풀이과정과 수학적 논리성을 갖춘 문장구성능력이 미비할 경우에는 높은 점수를 기대하기 어렵습니다. 또한 문항을 우연히 맞추거나 개념이 정립되지 않고 애매하게 알고 있는 상태에서 운 좋게 맞추는 경우, 같은 내용이 다른 유형으로 출제되거나 서술형으로 출제되면 틀릴 가능성이 더 높습니다. 이것은 수학적 원리를 이해하지 못한 채 문제 풀이 방법만 외웠기 때문입니다. 이 책은 단지 문장을 서술하는 방법과 내용을 외우는 것이 아니라 문제를 해결하는 과정을 읽고 쓰며 논리적인 사고력을 기르도록 합니다. 즉, 이 책은 수학적 문제 해결 과정을 중심으로 서술형 문제를 연습하며 기본적인 수학적 개념을 바탕으로 사고력을 길러주기 위하여 만들게 되었습니다.

이 책의 구성은 이렇습니다.

이 책은 각 단원별로 중요한 개념을 바탕으로 크게 '기본 개념', '오류 유형', '연결성' 영역으로 구성되어 있으며 필요에 따라 각 영역이 가감되어 있고 마지막으로 '창의성' 영역이 포함되어 있습니다. 각각의 영역은 '개념쏙쏙', '첫걸음 가볍게!', '한 걸음 두 걸음!', '도전! 서술형!', '실전! 서술형!'의 다섯 부분으로 구성되어 있습니다. '개념쏙쏙'에서는 중요한 수학 개념 중에서 음영으로 된 부분을 따라 쓰며 중요한 것을 익히거나 빈칸으로 되어 있는 부분을 채워가며 개념을 익힐 수 있습니다. '첫걸음 가볍게!'에서는 앞에서 익힌 것을 빈칸으로 두어 학생 스스로 개념을 써보는 연습을 하고, 뒷부분으로 갈수록 빈칸이 많아져 문제를 해결하는 과정을 전체적으로 서술해보도록 합니다. '창의성' 영역은 단원에서 익힌 개념을 확장해보며 심화적 사고를 유도합니다. '나의 실력은' 영역은 단원 평가로 각 단원에서 학습한 개념을 서술형 문제로 해결해보도록 합니다.

이 책의 활용 방법은 다음과 같습니다.

이 책에 제시된 서술형 문제를 '개념쏙쏙', '첫걸음 가볍게!', '한 걸음 두 걸음!', '도전! 서술형!', '실전! 서술형!'의 단계별로 차근차근 따라가다 보면 각 단원에서 중요하게 여기는 개념을 중심으로 문제를 해결할 수 있습니다. 이 때 문제에서 중요한 해결 과정을 서술하는 방법을 익히도록 합니다. 각 단계별로 진행하며 앞에서 학습한 내용을 스스로 서술해보는 연습을 통해 문제 해결 과정을 익힙니다. 마지막으로 '나의 실력은' 영역을 해결해 보며 앞에서 학습한 내용을 점검해 보도록 합니다.

또다른 방법은 '나의 실력은' 영역을 먼저 해결해 보며 학생 자신이 서술할 수 있는 내용과 서술이 부족한 부분을 확인합니다. 그 다음에 자신이 부족한 부분을 위주로 공부를 시작하며 문제를 해결하기 위한 서술을 연습해보도록 합니다. 그리고 남은 부분을 해결하며 단원 전체를 학습하고 다시 한 번 '나의 실력은' 영역을 해결해 봅니다.

문제에 대한 채점은 이렇게 합니다.

서술형 문제를 해결한 뒤 채점할 때에는 채점 기준과 부분별 배점이 중요합니다. 문제 해결 과정을 바라보는 관점에 따라 문제의 채점 기준은 약간의 차이가 있을 수 있고 문항별로 만점이나 부분 점수, 감점을 받을 수 있으나 이 책의 서술형 문제에서 제시하는 핵심 내용을 포함한다면 좋은 점수를 얻을 수 있을 것입니다. 이에 이 책에서는 문항별 채점 기준을 따로 제시하지 않고 핵심 내용을 중심으로 문제 해결 과정을 서술한 모범 예시 답안을 작성하여 놓았습니다. 또한 채점을 할 때에 학부모님께서는 문제의 정답에만 집착하지 마시고 학생과 함께 문제에 대한 내용을 묻고 답해보며 학생이 이해한 내용에 대해 어떤 방법으로 서술했는지를 같이 확인해 보며 부족한 부분을 보완해 나간다면 더욱 좋을 것입니다.

이 책을 해결하며 문제에 나와 있는 숫자들의 단순 계산보다는 이해를 바탕으로 문제의 해결 과정을 서술하는 의사소통능력을 키워 일반 학교에서의 서술형 문제에 대한 자신감을 키워나갈 수 있으면 좋겠습니다.

저자 일동

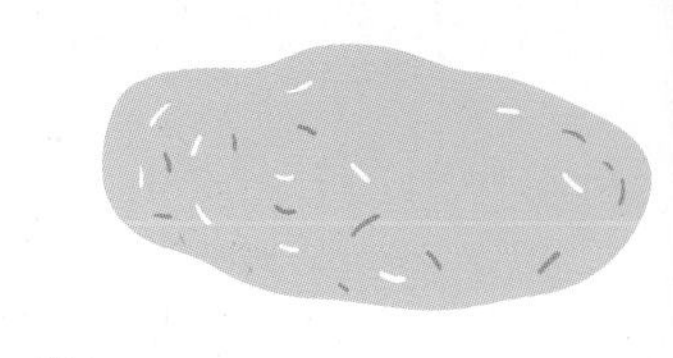

차례

3-2

1. 곱셈

1. 곱셈 (기본개념 1)

개념 쏙쏙!

213×3의 계산방법을 설명하고, 답을 구하시오.

1 213 ×3은 213이 몇 번 있다는 뜻입니까? ______번

2 213 ×3을 모두 몇 개인지 수모형으로 알아봅시다.

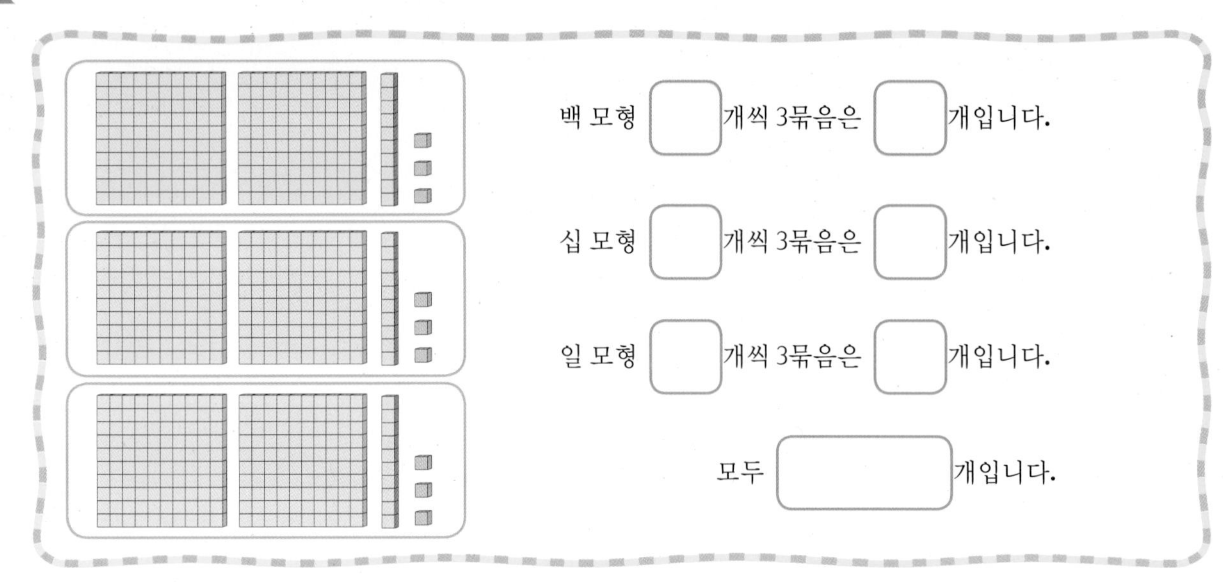

백 모형 ☐ 개씩 3묶음은 ☐ 개입니다.

십 모형 ☐ 개씩 3묶음은 ☐ 개입니다.

일 모형 ☐ 개씩 3묶음은 ☐ 개입니다.

모두 ☐ 개입니다.

3 위에서 수모형으로 센 방법을 세로 곱셈식으로 나타내어 봅시다.

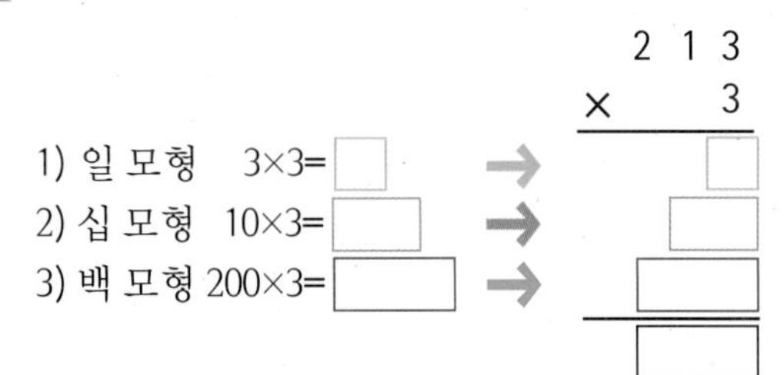

1) 일 모형 3×3=☐ →
2) 십 모형 10×3=☐ →
3) 백 모형 200×3=☐ →

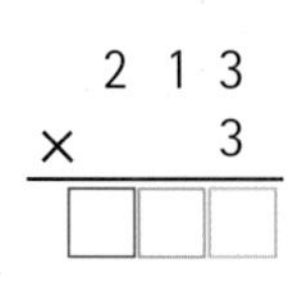

정리해 볼까요?

213×3의 계산방법을 설명하기

213 ×3은 213이 3번이므로, 곱해지는 수의 각각의 자리값에 3을 곱합니다.

일의 자리는 3×3 으로 ☐ 를 일 의 자리에 쓰고,

십의 자리는 1×3 으로 ☐ 을 십 의 자리에 쓰고,

백의 자리는 2×3 으로 ☐ 을 백 의 자리에 쓰고, 모두 더하면 답은 639입니다.

첫걸음 가볍게!

132×2의 계산방법을 설명하고, 답을 구하시오.

1 132×2는 132가 몇 번 있다는 뜻입니까? ______번

2 132×2를 모두 몇 개인지 수모형으로 알아봅시다.

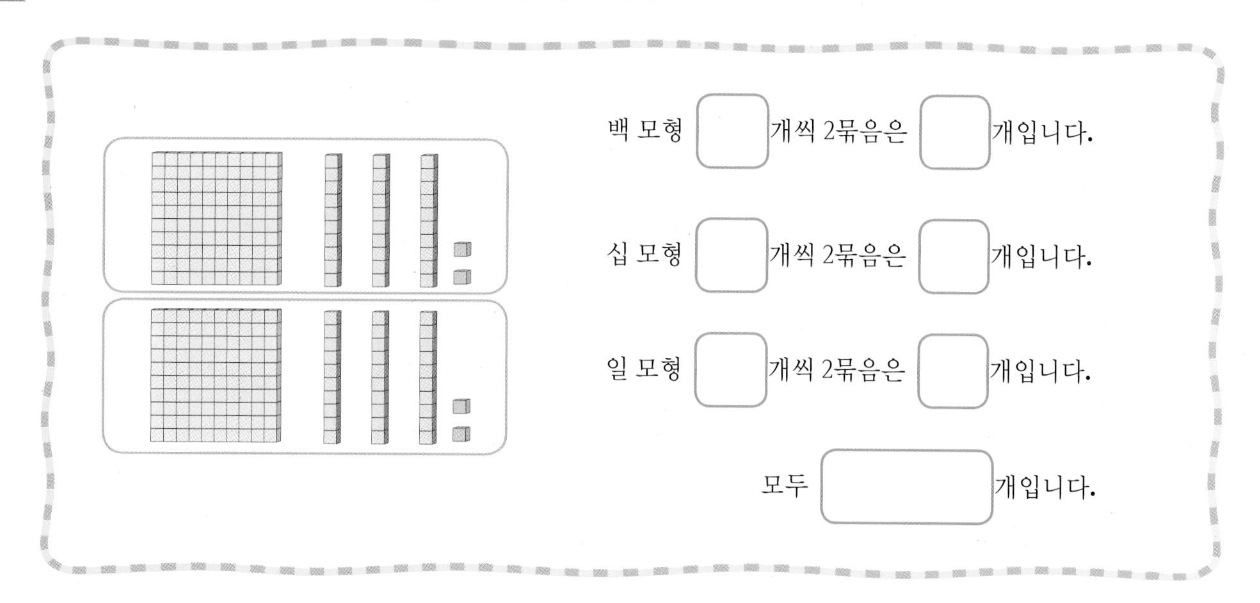

3 위에서 수모형으로 센 방법을 세로셈으로 나타내어 봅시다.

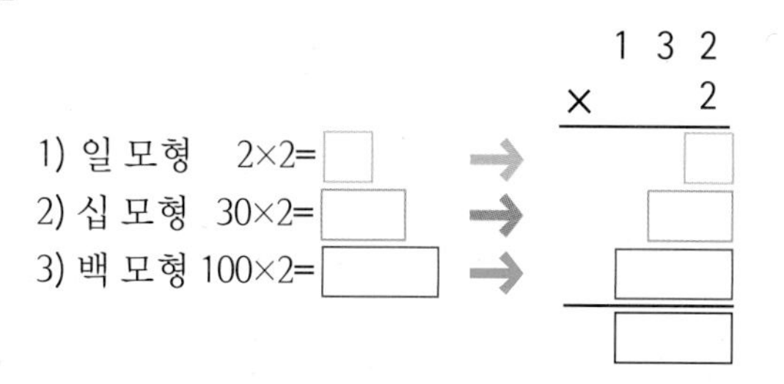

  1 3 2
×   2
□□□

4 132×2의 계산방법을 설명하여 봅시다.

132×2는 □가 □번이므로, 곱해지는 수의 각각의 자리값에 □를 곱합니다.

일의 자리는 □로 □를 일의 자리에 쓰고,

십의 자리는 □로 □을 십의 자리에 쓰고,

백의 자리는 □로 □를 백의 자리에 쓰고, 모두 더하면 답은 □입니다.

한 걸음 두 걸음!

232×3의 계산방법을 설명하고, 답을 구하시오.

1 232×3은 ______________________ 뜻이므로, 수모형으로 알아보면 다음과 같습니다.

(백 모형 , 십 모형 , 일 모형)

백 모형 [ ] 개씩 3묶음은 [ ] 개입니다.

십 모형 [ ] 개씩 3묶음은 [ ] 개입니다.

일 모형 [ ] 개씩 3묶음은 [ ] 개입니다.

모두 [ ] 개입니다.

2 위에서 수모형으로 센 방법을 곱셈식으로 나타내어 봅시다.

3 232×3의 계산방법을 설명하고, 답을 구하시오.

232×3은 ______________________

일의 자리는 ______________________

십의 자리는 ______________________

백의 자리는 ______________________

모두 더하면, 답은 [ ] 입니다.

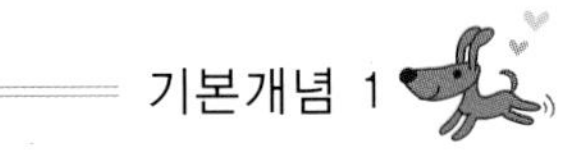

도전! 서술형!

424×2의 계산방법을 설명하고, 답을 구하시오.

1 ________________________ 뜻이므로, 수모형을 이용해서 표현하시오.

2 세로 곱셈식으로 표현하시오.

3 424×2의 계산방법을 설명하시오.

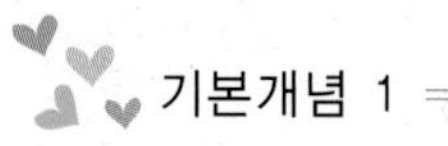

실전! 서술형!

313×2의 계산방법을 설명하고, 답을 구하시오.

1. 곱셈 (기본개념 2)

개념 쏙쏙!

40×20의 계산방법을 설명하고, 답을 구하시오.

1 40 × 20은 40이 몇 번 있다는 뜻입니까? ______번

2 40 × 20을 수모형으로 세어 알아봅시다.

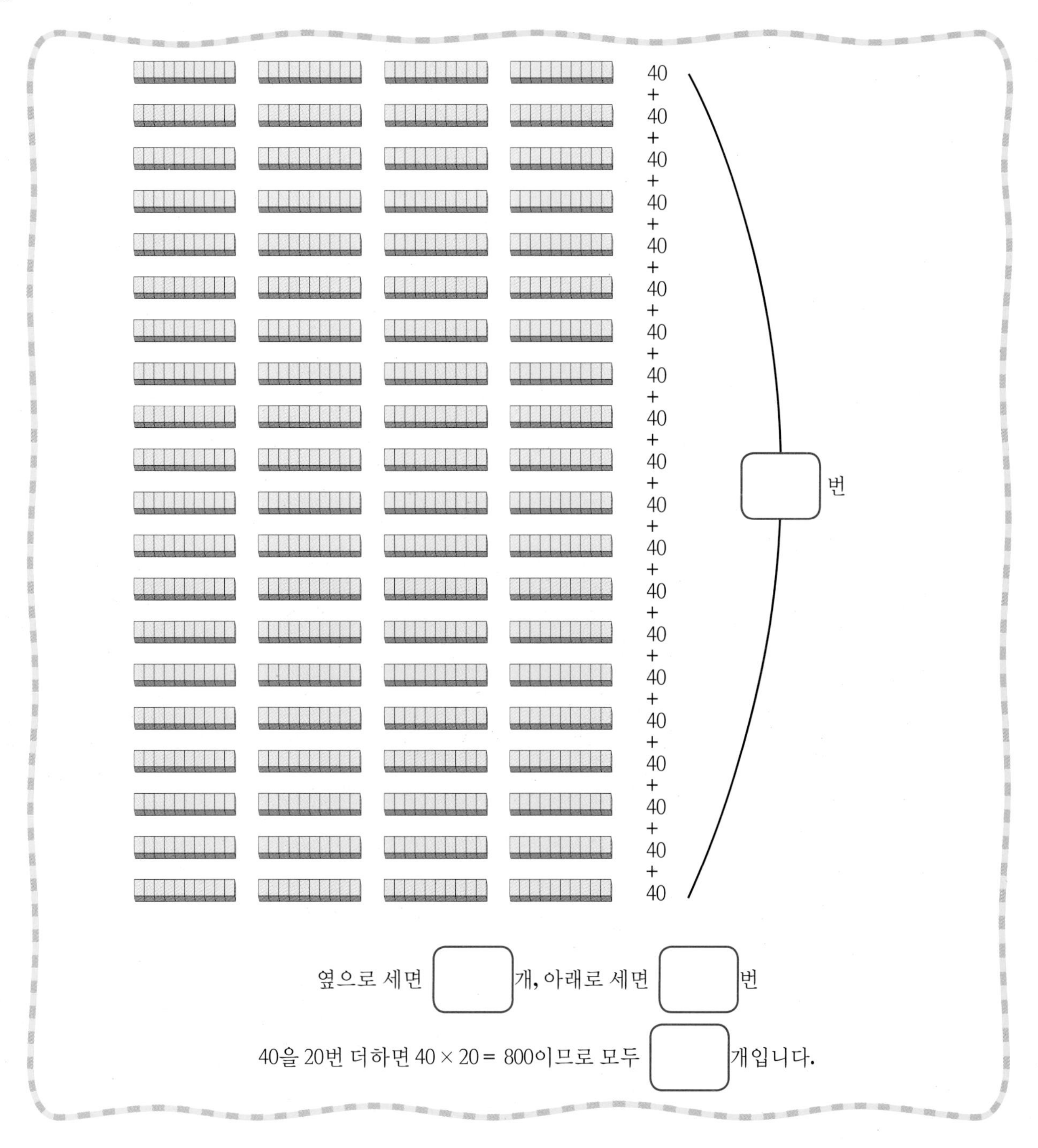

옆으로 세면 ☐개, 아래로 세면 ☐번

40을 20번 더하면 40 × 20 = 800이므로 모두 ☐개입니다.

3 지금까지 배운 내용과 비교하며 40×20을 모눈종이로 알아봅시다.

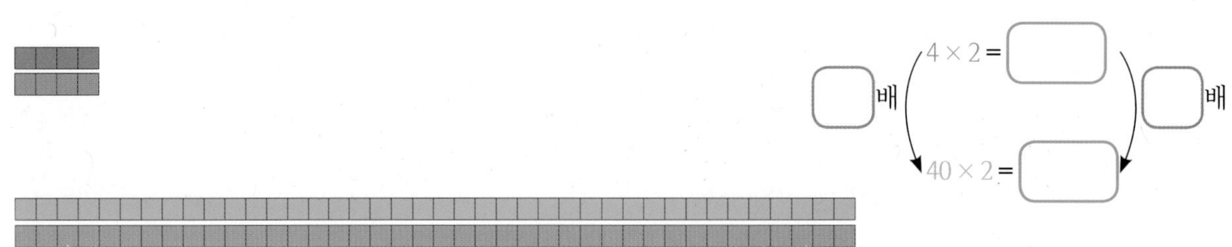

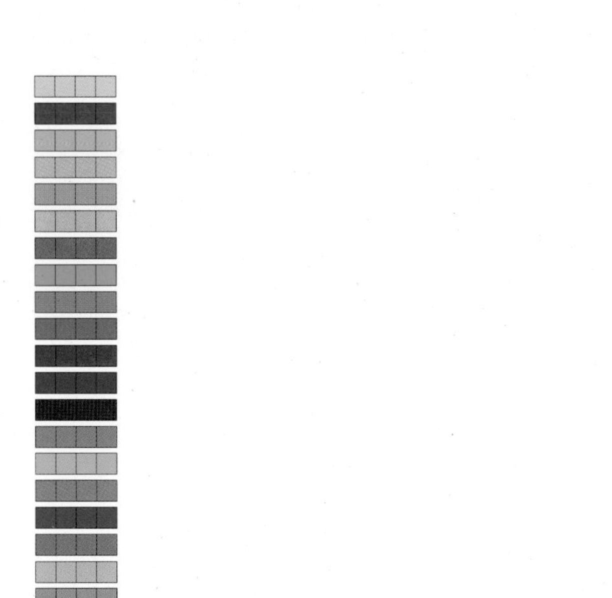

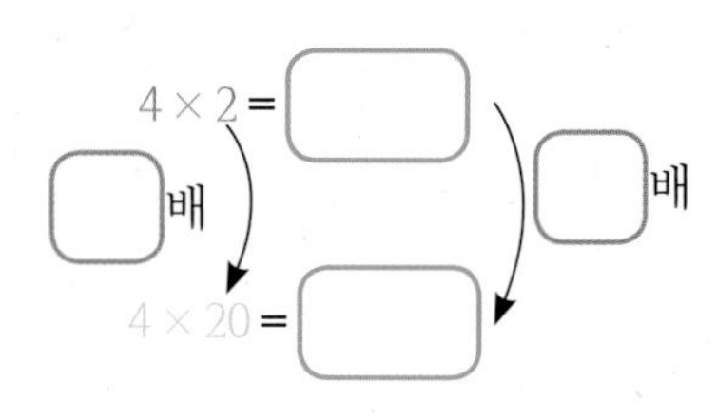

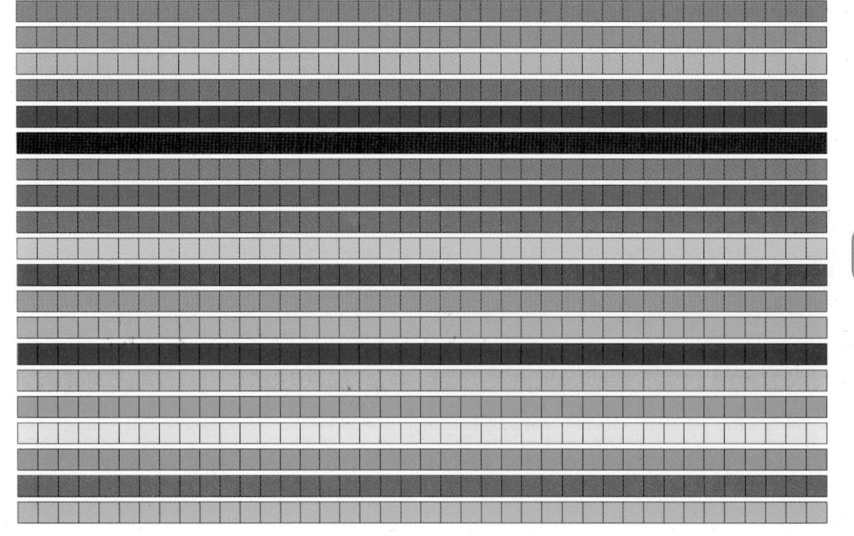

$4 \times 2 =$ ☐

☐배 ☐배 ☐배

$40 \times 20 =$ ☐

4 간단한 식에서 계산방법을 살펴봅시다.

$4 \times 2 =$ ☐

$40 \times 2 =$ ☐

$4 \times 20 =$ ☐

$40 \times 20 =$ ☐

· 4 → 40으로 10배 늘어나면 답은 8의 10배인 ☐ 이 됩니다.

· 2 → 20으로 10배 늘어나면 답은 8의 10배인 ☐ 이 됩니다.

· 4 → 40, 2 → 20으로 100배 늘어나면

답은 8의 100배인 ☐ 이 됩니다.

5 두 계산의 결과를 보고, 계산방법을 말해 봅시다.

$4 \times 2 =$ ☐　　　$40 \times 20 =$ ☐

40×20은 4×2의 100배이므로 ☐ 의 뒤에 0을 2개 붙인 ☐ 입니다.

정리해 볼까요?

40×20의 계산방법을 설명하기

$40 \times 20 = 800$

· 40×20은 4×2에서 4 → 40,

2 → 20으로 100배 늘어났으므로 4×2=8에서

☐ 뒤에 0을 2개 붙여 100배하면 40×20=800이 됩니다.

첫걸음 가볍게!

60×20의 계산방법을 설명하고, 답을 구하시오.

1 60×20은 60이 몇 번 있다는 뜻입니까? ______번

2 60×20을 수모형으로 알아봅시다.

옆으로 세면 [ ]개, 아래로 세면 [ ]번입니다.

[ ]을 [ ]번 더하면 모두 [ ]개입니다.

3 간단한 식에서 계산방법을 살펴봅시다.

$6\times2=12$

$60\times2=120$ · [ ] → [ ]으로 10배 늘어나면 답은 12의 10배인 [ ]이 됩니다.

$6\times20=120$ · [ ] → [ ]으로 10배 늘어나면 답은 12의 10배인 [ ]이 됩니다.

$60\times20=1200$ · [ ] → [ ], [ ] → [ ]으로 100배 늘어나면

답은 12의 100배인 [ ]이 됩니다.

4 두 계산의 결과를 보고, 계산방법을 말해 봅시다.

$6\times2=$[ ] $60\times20=$[ ]

60×20은 6×2의 [ ]배이므로 [ ] 뒤에 0을 2개 붙인 [ ]입니다.

5 60×20의 계산방법을 설명하여 봅시다.

$60\times20=1200$

· 60×20은 6×2에서 $6\rightarrow60$, $2\rightarrow20$으로 100배 늘어났으므로 [ ]를 100배하여 [ ]이 됩니다.

한 걸음 두 걸음!

14×20의 계산방법을 설명하고, 답을 구하시오.

1 14 × 20은 14가 몇 번 있다는 뜻입니까? ______번

2 14 × 20을 모눈종이로 알아봅시다.

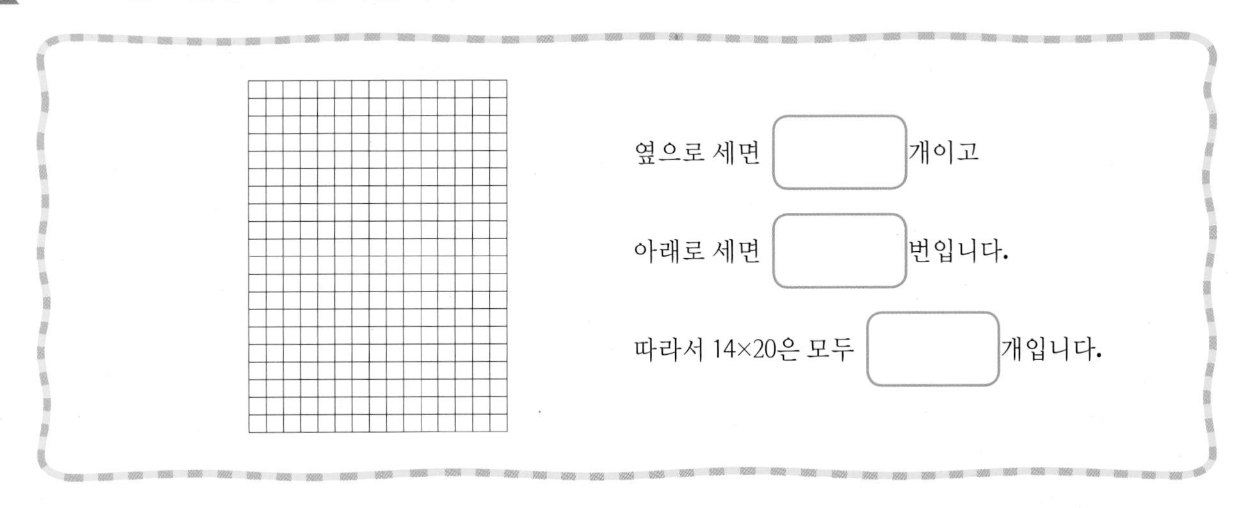

옆으로 세면 [ ]개이고

아래로 세면 [ ]번입니다.

따라서 14×20은 모두 [ ]개입니다.

3 간단한 식에서 계산방법을 살펴봅시다.

14 × 2 = 28 · [ ] → [ ]으로

14 × 20 = 280 10배 늘어나면 답은 28의 10배인 [ ]이 됩니다.

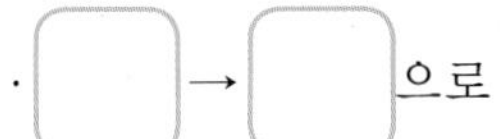

4 두 곱셈식의 곱을 구하고, 계산방법을 글로 표현해 봅시다.

14×2=[ ] 14×20=[ ]

14 × 20은 14 × 2의 [ ]배이므로 [ ] 뒤에 0을 1개 붙인 [ ]입니다.

5 14 × 20의 계산방법을 설명하여 봅시다.

14 × 20 = 280

· 14 × 20은 14×2에서 2 → 20으로 [ ]배 늘어났으므로, [ ]을 10배한 [ ]이 됩니다.

도전! 서술형!

모눈종이를 보고 식을 쓰고, 계산과정을 설명하시오.

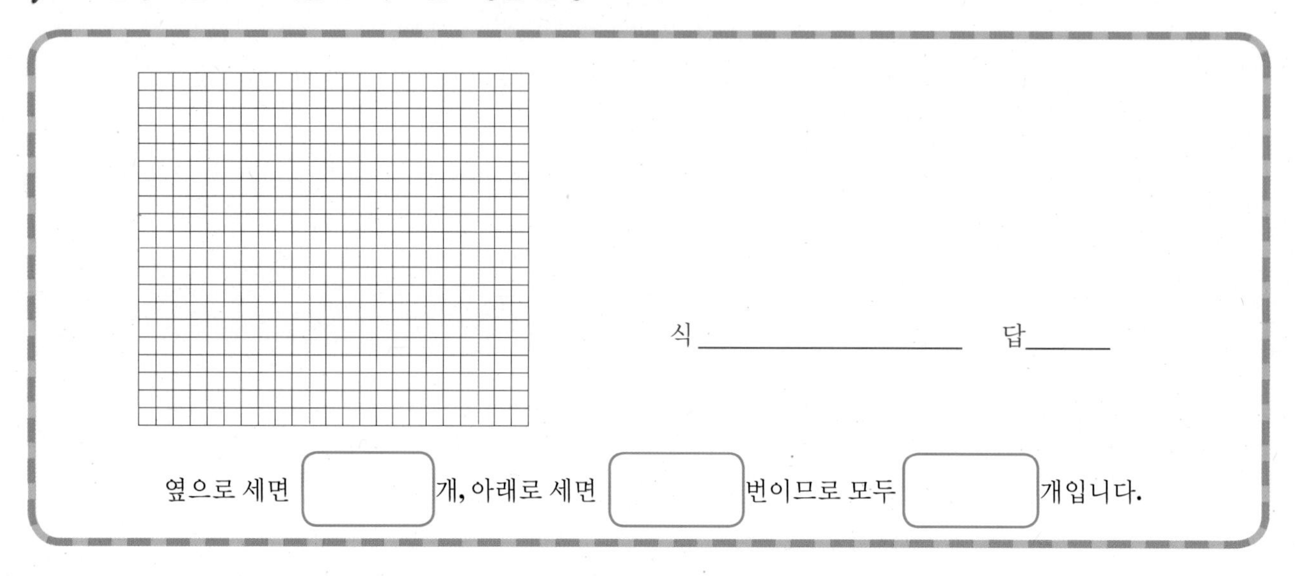

식 ______ 답 ______

옆으로 세면 ☐ 개, 아래로 세면 ☐ 번이므로 모두 ☐ 개입니다.

모눈종이를 보고 식을 쓰고, 계산과정을 설명하시오.

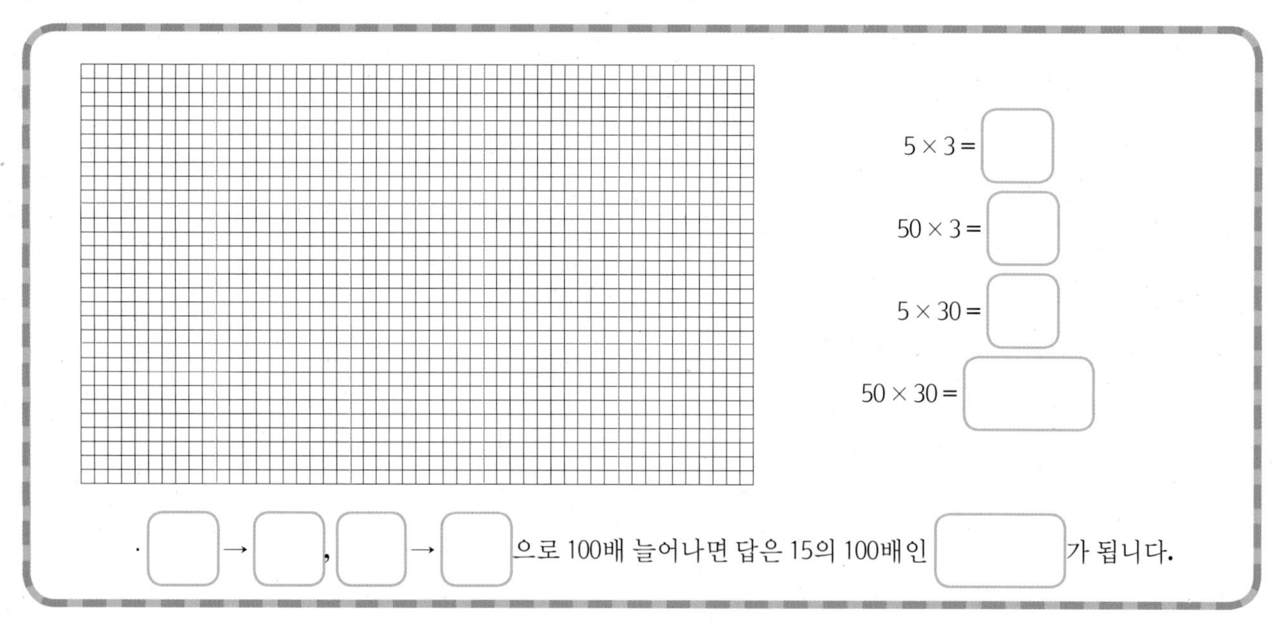

$5 \times 3 =$ ☐

$50 \times 3 =$ ☐

$5 \times 30 =$ ☐

$50 \times 30 =$ ☐

· ☐ → ☐ , ☐ → ☐ 으로 100배 늘어나면 답은 15의 100배인 ☐ 가 됩니다.

12×40의 계산방법을 설명하고, 답을 구하시오.

$12 \times 40 = 480$

· 12×40은 12×4에서 4→40으로 ☐ 배 늘어났으므로 ☐ 에 10배한 ☐ 이 됩니다.

실전! 서술형!

23×30의 계산방법을 설명하고, 답을 구하시오.

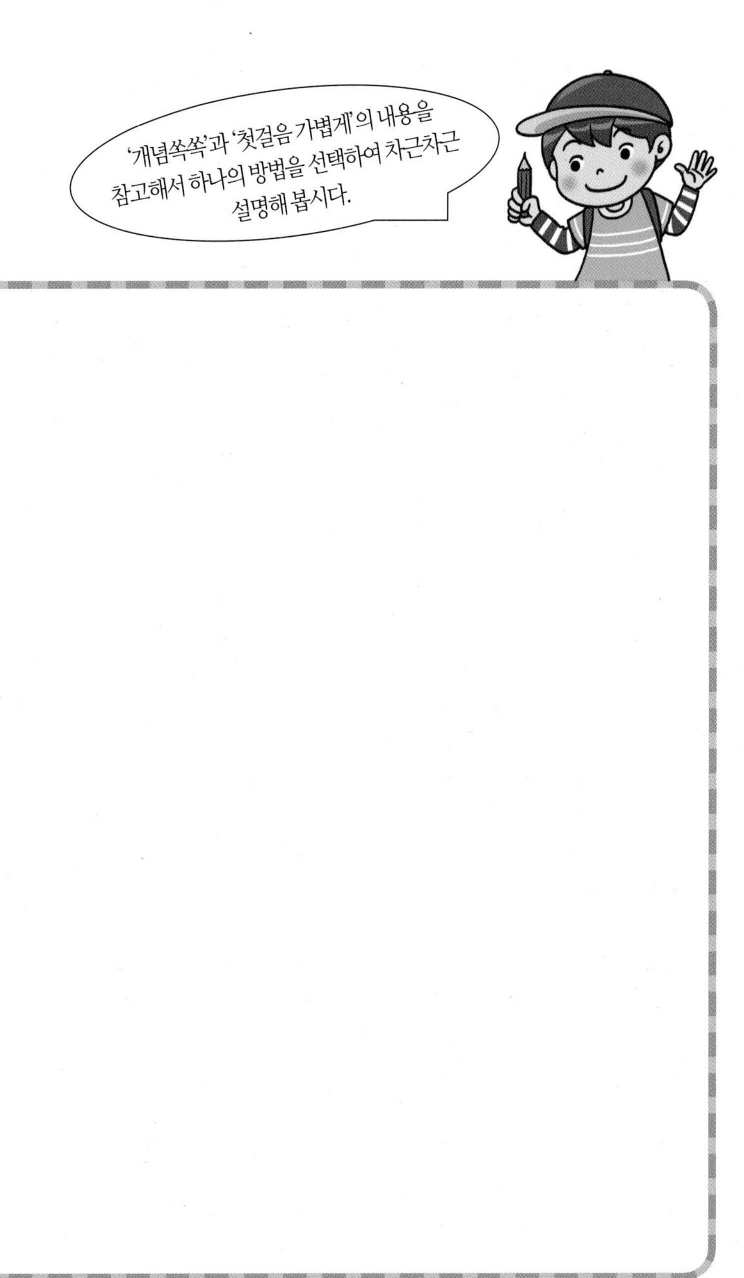

1. 곱셈 (오류유형)

개념 쏙쏙!

명지가 다음과 같이 문제를 해결하였습니다. 어떤 점이 잘못되었는지 설명하고 바르게 계산해 봅시다.

$$\begin{array}{r} 423 \\ \times \quad 4 \\ \hline 1682 \end{array}$$

1 먼저 423×4을 수모형으로 알아봅시다.

① 일모형을 살펴보면 3×4=12

② 십모형을 살펴보면 20×4=80

③ 백모형을 살펴보면 400×4=1600입니다.

④ 모두 1692입니다.

2 차례대로 계산해 보며 잘못된 점을 말해 봅시다.

$$\begin{array}{r} 423 \\ \times \quad 4 \\ \hline 1682 \end{array}$$

일의 자리 3×4는 12이므로 십의 자리에 1을 올려주어야 하는데 올려주지 않고, 20×4=80으로 십의 자리에 8만 썼습니다.

정리해 볼까요?

계산과정의 잘못된 점을 설명하기

$$\begin{array}{r} 423 \\ \times \quad 4 \\ \hline 1682 \end{array} \rightarrow \begin{array}{r} {}^{1} \\ 423 \\ \times \quad 4 \\ \hline 1692 \end{array}$$

일의 자리 3×4는 12여서 십의 자리에 1을 올려주어야 하는데 올려주지 않았습니다. 십의 자리 2×4=8에 일의 자리에서 올라온 1을 더해 9로 나타내어야 합니다. 그래서 1692입니다.

첫걸음 가볍게!

친구가 다음과 같이 문제를 해결하였습니다. 어떤 점이 잘못되었는지 설명하고 바르게 계산해 봅시다.

$$\begin{array}{r} 3\ 5\ 2 \\ \times \quad\ \ 3 \\ \hline 9\ 5\ 6 \end{array}$$

1 먼저 352×3을 수모형으로 알아봅시다.

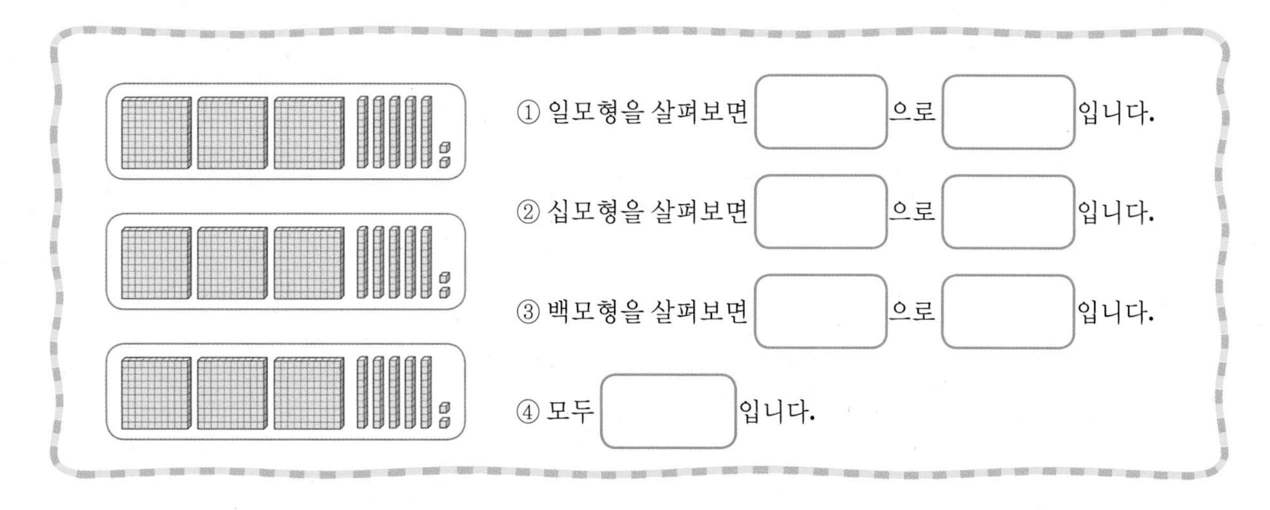

① 일모형을 살펴보면 ☐으로 ☐입니다.

② 십모형을 살펴보면 ☐으로 ☐입니다.

③ 백모형을 살펴보면 ☐으로 ☐입니다.

④ 모두 ☐입니다.

2 차례대로 계산해 보며 잘못된 점을 말해 봅시다.

$$\begin{array}{r} 3\ 5\ 2 \\ \times \quad\ \ 3 \\ \hline 9\ 5\ 6 \end{array}$$

십의 자리 5×3은 ☐로 1을 백의 자리에 올려주어야 하는데 올려주지 않고, 3×3=9를 백의 자리에 그대로 9만 썼습니다.

3 바르게 계산하고 계산방법을 설명해 봅시다.

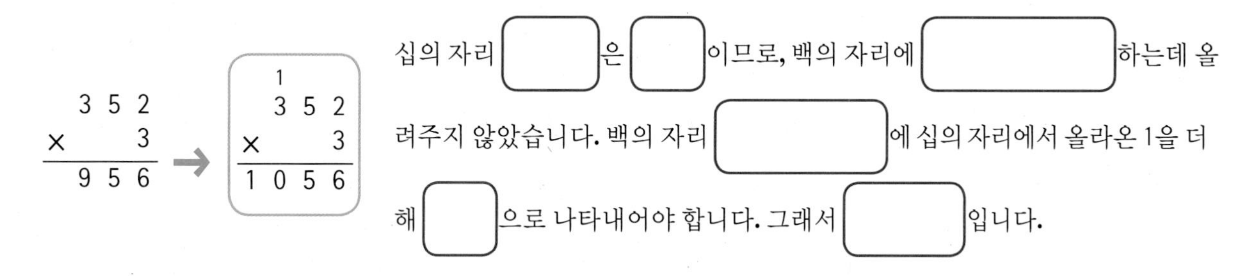

$$\begin{array}{r} 3\ 5\ 2 \\ \times \quad\ \ 3 \\ \hline 9\ 5\ 6 \end{array} \rightarrow \begin{array}{r} {\scriptstyle 1}\quad\ \ \\ 3\ 5\ 2 \\ \times \quad\ \ 3 \\ \hline 1\ 0\ 5\ 6 \end{array}$$

십의 자리 ☐은 ☐이므로, 백의 자리에 ☐하는데 올려주지 않았습니다. 백의 자리 ☐에 십의 자리에서 올라온 1을 더해 ☐으로 나타내어야 합니다. 그래서 ☐입니다.

오류유형

한 걸음 두 걸음!

친구가 다음과 같이 문제를 해결하였습니다. 어떤 점이 잘못되었는지 설명하고 바르게 계산해 봅시다.

$$\begin{array}{r} 548 \\ \times \quad 2 \\ \hline 1196 \end{array}$$

1 먼저 548×2을 수모형으로 알아봅시다. 왼쪽에 수모형을 그려 보세요.

① 일모형을 살펴보면

② 십모형을 살펴보면

③ 백모형을 살펴보면

④ 모두 [   ]입니다.

2 차례대로 계산해 보며 잘못된 점을 말해 봅시다.

$$\begin{array}{r} 548 \\ \times \quad 2 \\ \hline 1196 \end{array}$$

일의 자리는 ________로 십의 자리에 [   ]을 올려주어야 합니다.

십의 자리는 ________이고, 올라온 1을 더하면 ________입니다.

백의 자리에 올려주는 것이 없는데 올려주어 11로 나타냈습니다.

3 바르게 계산하고 계산방법을 설명해 봅시다.

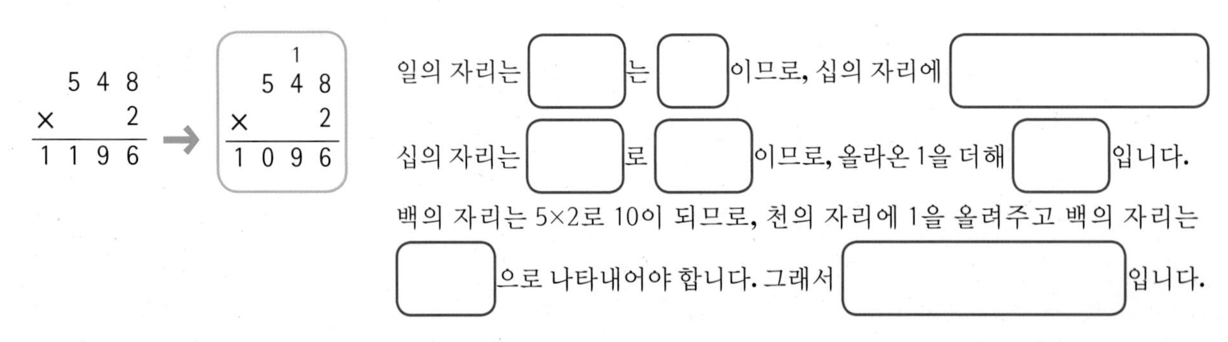

$$\begin{array}{r} 548 \\ \times \quad 2 \\ \hline 1196 \end{array} \rightarrow \begin{array}{r} {}^{1}\quad \\ 548 \\ \times \quad 2 \\ \hline 1096 \end{array}$$

일의 자리는 [   ]는 [   ]이므로, 십의 자리에 [   ]

십의 자리는 [   ]로 [   ]이므로, 올라온 1을 더해 [   ]입니다.

백의 자리는 5×2로 10이 되므로, 천의 자리에 1을 올려주고 백의 자리는 [   ]으로 나타내어야 합니다. 그래서 [   ]입니다.

도전! 서술형!

친구가 다음과 같이 문제를 해결하였습니다. 어떤 점이 잘못되었는지 설명하고 바르게 계산해 봅시다.

$$\begin{array}{r} 3\ 7\ 1 \\ \times \quad\ \ 3 \\ \hline 1\ 0\ 1\ 3 \end{array}$$

1 먼저 371×3을 수모형으로 알아봅시다.

(백 모형 , 십 모형 , 일 모형)

2 바르게 계산하고 계산방법을 설명해 봅시다.

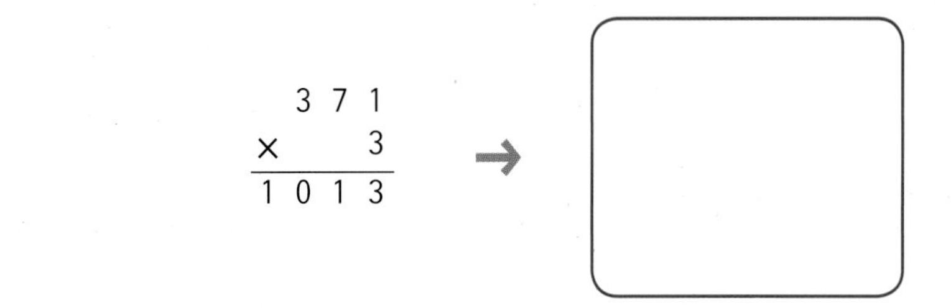

일의 자리는 ______________________

십의 자리는 ______________________

백의 자리는 ______________________

그래서 ______________________

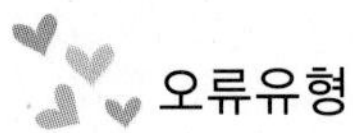
오류유형

실전! 서술형!

다음과 같이 문제를 해결하였을 때 잘못된 점을 쓰고 바르게 계산해 봅시다.

$$\begin{array}{r} 428 \\ \times \quad 3 \\ \hline 1234 \end{array}$$

'개념쏙쏙'과 '첫걸음 가볍게'의 내용을 참고해서 하나의 방법을 선택하여 차근차근 설명해 봅시다.

Jumping Up! 창의성!

곱셈을 하는 방법에는 여러 가지가 있습니다. 다음은 옛날 사람들이 사용했던 문살 곱셈 방법입니다. 보기에서 문살 곱셈 방법을 살펴보고 다음 문제를 문살 곱셈으로 계산하여 봅시다.

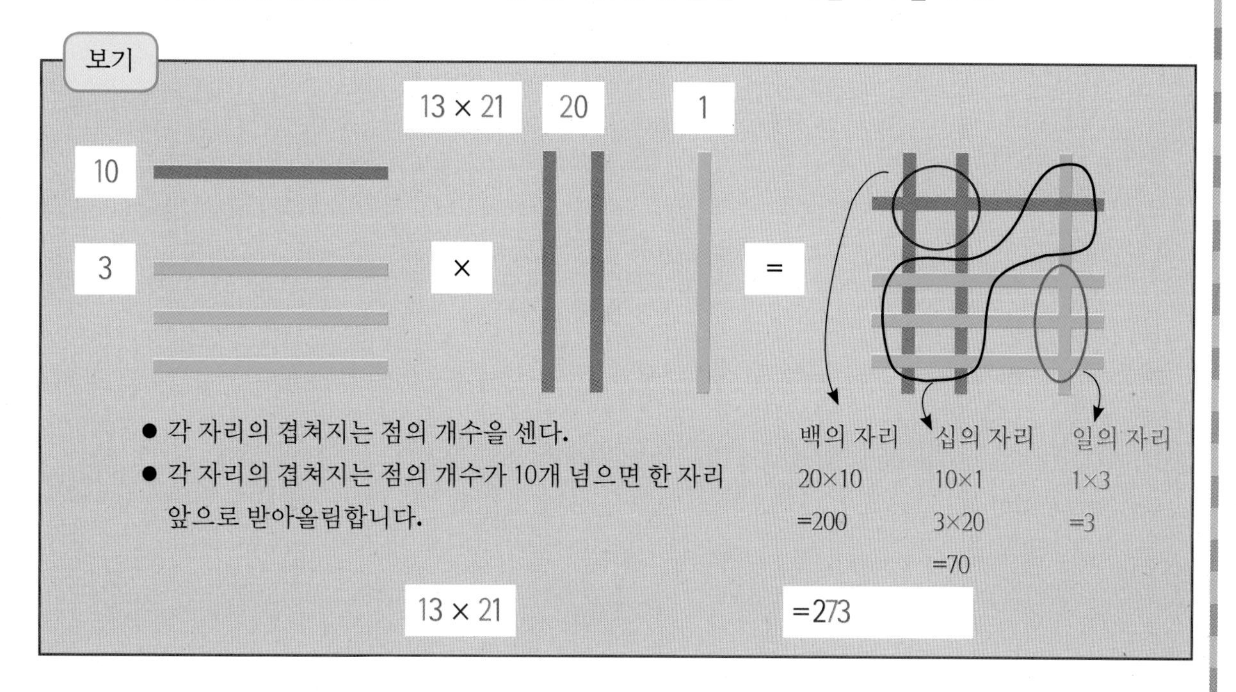

● 각 자리의 겹쳐지는 점의 개수을 센다.

● 각 자리의 겹쳐지는 점의 개수가 10개 넘으면 한 자리 앞으로 받아올림합니다.

1 24 × 13

2

$$\begin{array}{r} 2\ 4 \\ \times\ \ 3\ 2 \\ \hline \end{array}$$

나의 실력은?

1 143×2의 계산방법을 모눈종이를 그려서 알아보고 답을 구하시오.

143×2는 ______

일의 자리 ______

십의 자리 ______

백의 자리 ______

모두 더하면, 답은 [ ] 입니다.

2 80×30을 8×3과 비교하여 답을 구하고 계산방법을 설명하시오.

$8 \times 3 =$ [ ]

$80 \times 30 =$ [ ]

· [ ] → [ ], [ ] → [ ] 으로 [ ] 배 늘어나서 답은 [ ] 의 100배 [ ] 이 됩니다.

$80 \times 30 = 2400$

· ______

______

______

3 아래와 같이 문제를 해결하였을 때, 어떤 점이 잘못되었는지 설명하고 바르게 계산해 봅시다.

$$\begin{array}{r} 3\ 1\ 4 \\ \times \quad\ 3 \\ \hline 9\ 3\ 2 \end{array}$$

→ [ ]

______

______

______

3-2

2. 나눗셈

2. 나눗셈 (기본개념 1)

개념 쏙쏙!

나눗셈 60 ÷ 3의 계산방법을 6 ÷ 3을 이용하여 설명하여 보시오.

1 연필 6자루를 3명이 똑같이 나누어 가지려고 합니다. 3명이 똑같게 나누어 가진 것을 그림으로 알아보면 다음과 같습니다.

나눗셈식 : 6 ÷ 3 = 2

2 연필 60자루를 3명이 똑같이 나누어 가지려고 합니다. 3명이 똑같게 나누어 가진 것을 십모형으로 알아보면 다음과 같습니다.

나눗셈식 : 60 ÷ 3 = 20

정리해 볼까요?

60 ÷ 3의 계산방법을 설명하기

6 ÷ 3과 60 ÷ 3은 [나누는 수는 같지만,] 나누어지는 수가 [10] 배 큽니다. 60 ÷ 3은 60을 10개씩 묶음 6개로 생각하면 6 ÷ 3과 같습니다. 그래서 6 ÷ 3을 한 후 나오는 [몫 2는 십모형이 2개이므로] 몫에 [0] 을 붙입니다. 몫은 [20] 이 됩니다.

첫걸음 가볍게!

나눗셈 80÷2의 계산방법을 8÷2를 이용하여 설명하여 보시오.

1 사과 8개를 2명이 똑같이 나누어 가지려고 합니다. 2명이 똑같게 나누어 가진 것을 그림으로 알아봅시다.

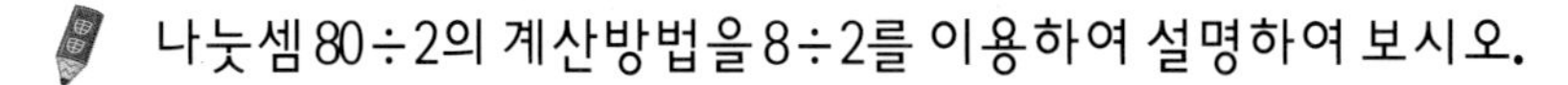

나눗셈식 : ______________

2 사과 80개를 2명이 똑같이 나누어 가지려고 합니다. 2명이 똑같게 나누어 가진 것을 십모형으로 알아봅시다.

나눗셈식 : ______________

3 나눗셈 8 ÷ 2와 80 ÷ 2의 나눗셈을 비교하여 써봅시다.

__________와 __________는 ______________, 나누어지는 수가 ☐배 큽니다.

80 ÷ 2는 ______을 10개씩 묶음 ______개로 생각하면 ______와 같습니다. 그래서 ______을 한 후 나오는 몫 ☐는 십모형이 ☐개이므로 몫에 ☐을 붙입니다. 몫은 ☐이 됩니다.

한 걸음 두 걸음!

나눗셈 $90 \div 3$의 계산방법을 $9 \div 3$을 이용하여 설명하여 보시오.

1 나눗셈 $9 \div 3$을 그림으로 알아보고 식으로 나타내어 봅시다.

나눗셈식

____

2 나눗셈 $90 \div 3$을 십모형으로 알아보고 식으로 나타내어 봅시다.

나눗셈식

____

3 나눗셈 $9 \div 3$과 $90 \div 3$의 나눗셈을 비교하여 글로 써 봅시다.

$9 \div 3$과 ____________은 나누는 수는 같지만, ____________가 ☐배 큽니다. ____________은 90을 ☐개씩 묶음 ☐개로 생각하면 ____________과 같습니다. 그래서 ____________ 나눗셈을 한 후 나오는 몫 ☐는 십모형이 ☐개란 뜻이므로 몫에 ☐을 붙입니다. 몫은 ☐이 됩니다.

도전! 서술형!

나눗셈 $80 \div 4$의 계산방법을 $8 \div 4$를 이용하여 설명하여 보시오.

1 $8 \div 4$를 그림으로 나타내어 몫을 구해 봅시다.

2 $80 \div 4$를 십모형으로 나타내어 몫을 구해 봅시다.

3 나눗셈 $80 \div 4$의 계산방법을 $8 \div 4$를 이용하여 설명하시오.

____

____

____

나눗셈 $60 \div 2$의 계산방법을 $6 \div 2$를 이용하여 설명하여 보시오.

1 $6 \div 2$를 그림으로 나타내어 몫을 구해 봅시다.

2 $60 \div 2$를 십모형으로 나타내어 몫을 구해 봅시다.

3 나눗셈 $60 \div 2$의 계산방법을 $6 \div 2$를 이용하여 설명하시오.

____

____

____

실전! 서술형!

나눗셈 120÷2의 계산방법을 12÷2를 이용하여 설명하시오.

'개념쏙쏙'과 '첫걸음 가볍게'의 내용을 참고해서 하나의 방법을 선택하여 차근차근 설명해 봅시다.

2. 나눗셈 (기본개념 2)

개념 쏙쏙!

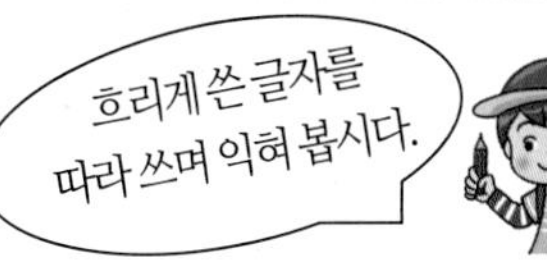

60개의 탁구공을 4개 학급에 똑같이 나눠주고 사용하려고 합니다. 모두 나눠준다면 한 반에는 몇 개씩 나눠주면 되는지 식으로 나타내고 계산과정을 써 봅시다.

1 먼저 나눗셈식으로 나타내어 보시오.

나눗셈식 : $60 \div 4$

2 수모형으로 똑같이 나누어 봅시다. 어떤 점이 불편합니까?

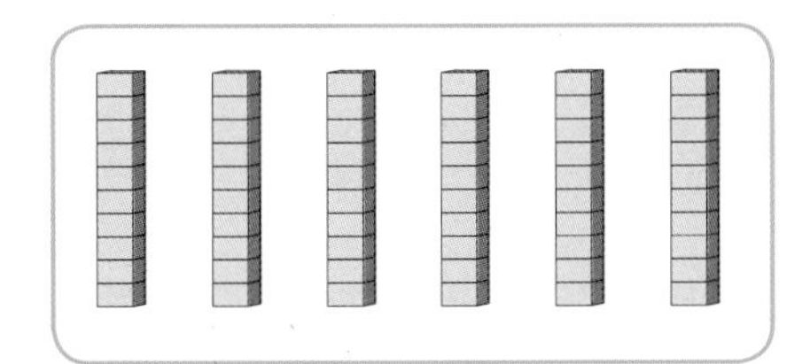

십모형 으로 되어 있어
쉽게 4로 나누기 어렵습니다.

3 60을 십모형 4개와 일모형 20개로 나타내었습니다. $60 \div 4$ 를 해 보고 말로 표현해 봅시다.

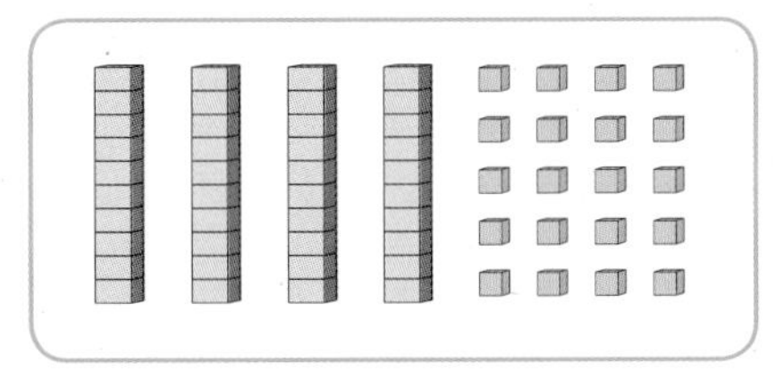

먼저 십모형 4개를 4로 나누고
일모형 20개를 4로 나누면
십모형 1, 일모형 5개입니다.

정리해 볼까요?

```
    1 5
 4)6 0
   4 0    ←4×10
   2 0
   2 0    ←4×5
     0
```

① 60에서 십의 자리 6를 4로 나누면 몫이 십의 자리 1이고, 2가 남습니다.

② '40'은 나누는 수 4와 몫의 십의 자리 1의 곱으로 '4×10'를 나타내며, 6아래 '4'로 써도 됩니다.

③ 남은 십의 자리 2를 일모형 20으 로 바꾸어 4 로 나누면 몫이 일의 자리 5가 됩니다.

④ '20'은 나누는 수 4와 몫의 일의 자리 수 5의 곱으로 '4×5'를 나타냅니다.

⑤ 몫은 15입니다.

첫걸음 가볍게!

50개의 버섯을 2개의 바구니에 똑같이 나눠 담으려고 합니다. 한 바구니에 몇 개씩 나눠 담으면 되는지 식으로 나타내고 계산과정을 써 봅시다.

1 먼저 나눗셈식으로 나타내어 보시오.

나눗셈식 : ________________

2 수모형으로 똑같이 나누어 봅시다. 어떤 점이 불편합니까?

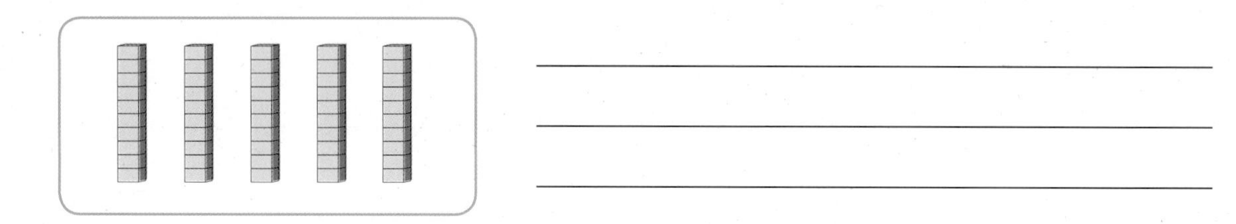

3 50을 십모형 4개와 일모형 10개로 나타내었습니다. 50 ÷ 2 를 해 보고 글로 표현해 봅시다.

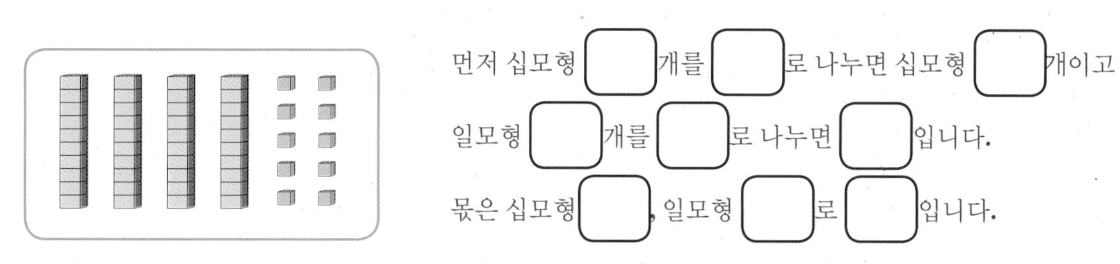

먼저 십모형 ☐개를 ☐로 나누면 십모형 ☐개이고

일모형 ☐개를 ☐로 나누면 ☐입니다.

몫은 십모형 ☐, 일모형 ☐로 ☐입니다.

4 50개의 버섯을 2개의 바구니에 똑같이 나눠 담는 방법을 식을 세워 설명하시오.

```
     2 5
 2 ) 5 0
     ☐      ← ☐×☐
   -----
     1 0
     ☐      ← ☐×☐
   -----
       0
```

① 50에서 십의 자리 수 ☐를 ☐로 나누면 몫이 십의 자리 ☐이고, ☐이 남습니다.

② ‘☐’은 나누는 수 ☐와 몫의 십의 자리 수 ☐의 곱으로 ‘☐×☐’를 나타내며, ☐ 아래 ‘☐’로 써도 됩니다.

③ 남은 십의 자리 수 ☐를 일모형 ☐으로 바꾸어 ☐로 나누면 몫이 일의 자리 수 ☐가 됩니다.

④ ‘☐’은 나누는 수 ☐와 몫의 일의 자리 수 ☐의 곱으로 ☐를 나타냅니다.

⑤ 몫은 25입니다.

한 걸음 두 걸음!

나눗셈 90÷5의 계산과정을 글로 써 봅시다.

1 나눗셈 90÷5를 수모형을 이용하여 몫을 구하고 과정을 글로 표현해 봅시다.

① 십모형으로 되어 있어 나누기 어렵습니다. 십모형을 일모형으로 나타냅니다.

② 먼저 십모형 9개를 5로 나누면 몫은 십의 자리 □이고 십모형 □개를 일모형 □으로 바꾸고, 일모형 □을 □로 나누면 □이 됩니다.

③ 몫은 십모형 □ 일모형 □이므로 □입니다.

2 그림으로 알아본 90÷5를 세로 나눗셈식으로 나타내고 글로 표현해 봅시다.

$$
\begin{array}{r}
\square \\
5\,\overline{)\,9\;0} \\
\underline{\square} \leftarrow \square\times\square \\
4\;0 \\
\underline{\square} \leftarrow \square\times\square \\
0
\end{array}
$$

① 90에서 ______________ 나누면 몫이 십의 자리 □이 됩니다.

② 남은 십의 자리 ______________ 바꾸어 □로 나누면 일모형 □이 됩니다.

③ □는 □을 나타내며, □은 □을 나타냅니다.

④ 몫은 18입니다.

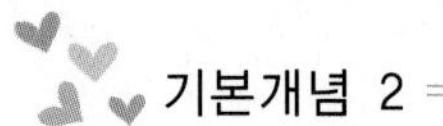

도전! 서술형!

나눗셈 30÷2의 계산과정을 글로 써 봅시다.

1 나눗셈 30÷2를 수모형으로 몫을 구하고, 계산과정을 글로 표현해 봅시다.

① 십모형으로 되어 있어 나누기 어려운 부분을 십모형과 일모형으로 나타냅니다.

②

③ 몫은

2 그림을 이용하여 알아본 30÷2를 세로 나눗셈식으로 나타내고 글로 표현해 봅시다.

$$\begin{array}{r} \square \\ 2\overline{)3\ 0} \\ \square \leftarrow \square\times\square \\ \hline 1\ 0 \\ \square \leftarrow \square\times\square \\ \hline 0 \end{array}$$

① 30에서 ______________.

② 남은 십의 자리 ___을 일모형 ____으로 바꾸어 ______________.

③ □은 __________을 나타내며, □은 __________를 나타냅니다.

④ 몫은 ______________.

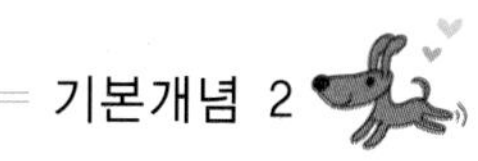

실전! 서술형!

나눗셈 80÷5의 계산과정을 글로 써 봅시다.

1 나눗셈 80 ÷ 5를 수모형으로 몫을 구하고 계산과정을 글로 표현해 봅시다.

①

②

③

2 그림으로 알아본 80 ÷ 5를 세로 나눗셈식으로 나타내고 글로 써봅시다.

$5\overline{)80}$

①

②

③

2. 나눗셈 (오류유형 1)

개념 쏙쏙!

지수가 다음과 같이 문제를 해결하였습니다.
어떤 점이 잘못되었는지 설명해 봅시다.

```
    1
3)3 6
  3 0
  ---
    6
```

1 먼저 36÷3을 수모형으로 알아봅시다.

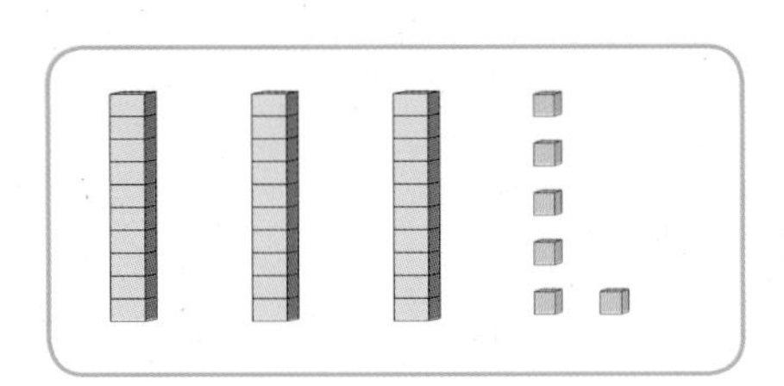

① 십모형 □개를 3으로 나누면 □입니다.

② 일모형 □개를 3으로 나누면 □입니다.

③ 몫은 십모형 □개 일모형 □개이므로 □입니다.

2 차례대로 계산해 보며 잘못된 점을 말해 봅시다.

①
```
    1            1
3)3 6   →   3)3 6
  3 0         3 0
  ---         ---
    6           6
```

②
```
    1 2
3)3 6
  3 0
  ---
    6
    6
  ---
    0
```

① 36에서 먼저 [30을 십모형 3개로 보아] 3÷3을 하면 몫은 십의 자리 1입니다.

② 36에서 [남은 6은 나누는 수 3보다 크므로 더 나누어야] 합니다. 즉, 6÷3은 2입니다.

③ 36÷2의 몫은 12입니다.

정리해 볼까요?

계산과정의 잘못된 점을 설명하기

①
```
    1
3)3 6
  3 0
  ---
    6
```

→

②
```
    1 2
3)3 6
  3 0
  ---
    6
    6
  ---
    0
```

① 36÷2에서 30÷2의 몫을 십의 자리 3 위에 1이라 씁니다.

② 일의 자리 6은 3으로 나눠지기 때문에 6÷3을 해서 일의 자리에 2를 써야 합니다.

③ 36÷2의 몫은 12입니다.

첫걸음 가볍게!

다음과 같이 문제를 해결하였을 때
어떤 점이 잘못되었는지 말해 봅시다.

$$\begin{array}{r} 3 \\ 2\overline{)\,6\ 8} \\ 6\ 0 \\ \hline 8 \end{array}$$

1 먼저 68÷2를 수모형으로 알아봅시다.

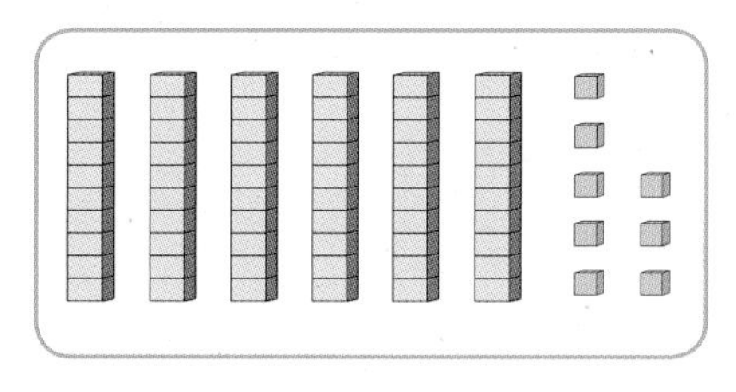

① 십모형 ______________________

② 일모형 [ ] 개를 ______________________

③ 몫은 십모형 [ ] 개, 일모형 [ ] 개로 [ ] 입니다.

2 차례대로 계산해 보며 잘못된 점을 말해 봅시다.

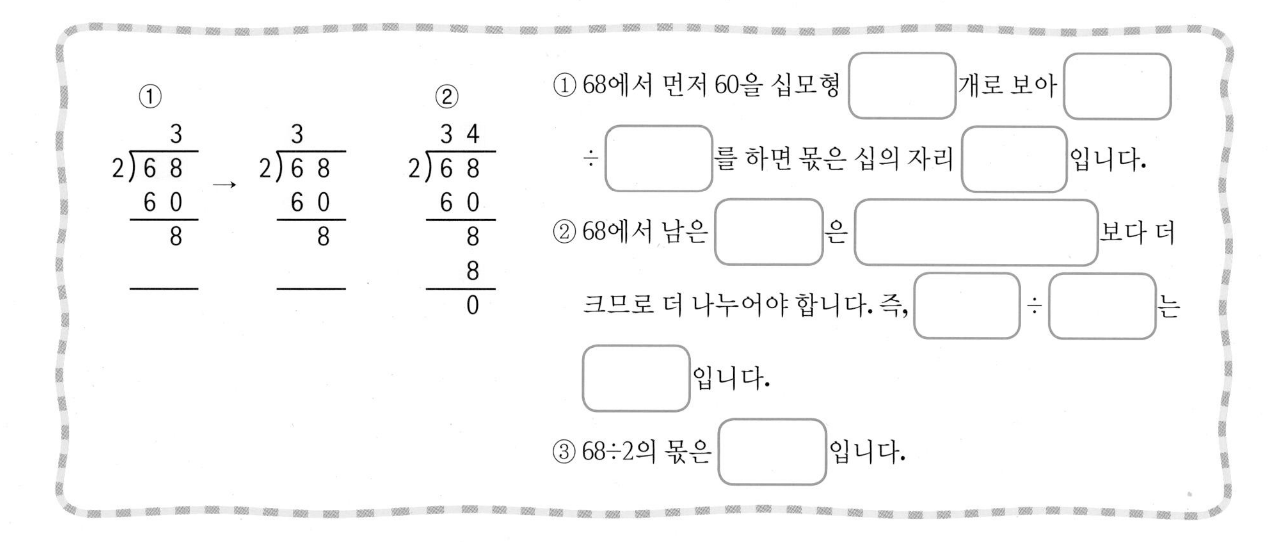

① 68에서 먼저 60을 십모형 [ ] 개로 보아 [ ] ÷ [ ] 를 하면 몫은 십의 자리 [ ] 입니다.

② 68에서 남은 [ ] 은 [ ] 보다 더 크므로 더 나누어야 합니다. 즉, [ ] ÷ [ ] 는 [ ] 입니다.

③ 68÷2의 몫은 [ ] 입니다.

3 계산과정의 잘못된 점을 설명하여 봅시다.

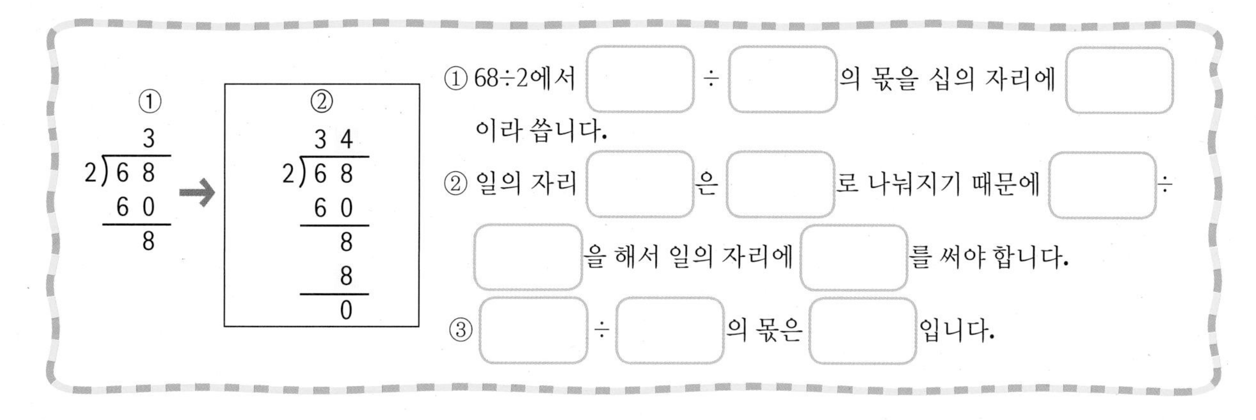

① 68÷2에서 [ ] ÷ [ ] 의 몫을 십의 자리에 [ ] 이라 씁니다.

② 일의 자리 [ ] 은 [ ] 로 나눠지기 때문에 [ ] ÷ [ ] 을 해서 일의 자리에 [ ] 를 써야 합니다.

③ [ ] ÷ [ ] 의 몫은 [ ] 입니다.

오류유형 1

한 걸음 두 걸음!

다음과 같이 문제를 해결하였을 때 어떤 점이 잘못되었는지 글로 써봅시다.

```
    1
4)4 8
  4 0
    8
```

1 먼저 48÷4를 수모형으로 알아봅시다.

①

②

③

2 차례대로 계산해 보며 잘못된 점을 글로 써봅시다.

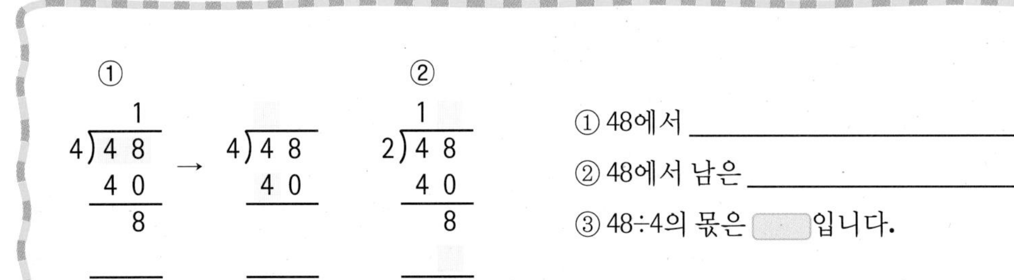

① 48에서

② 48에서 남은

③ 48÷4의 몫은 ☐입니다.

3 계산과정의 잘못된 점을 설명하여 봅시다.

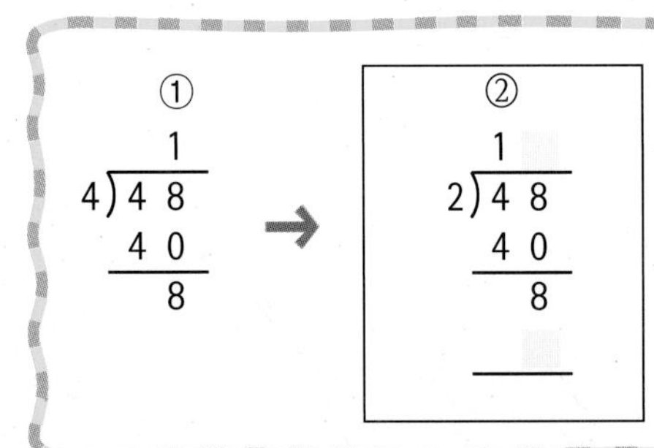

① 48÷2에서

② 일의 자리 ☐은

③ ☐÷☐의 몫은

도전! 서술형!

다음과 같이 문제를 해결하였을 때 어떤 점이 잘못되었는지 글로 써봅시다.

$$\begin{array}{r} 2 \\ 3\overline{)69} \\ 60 \\ \hline \end{array}$$

1 먼저 수모형으로 알아봅시다.

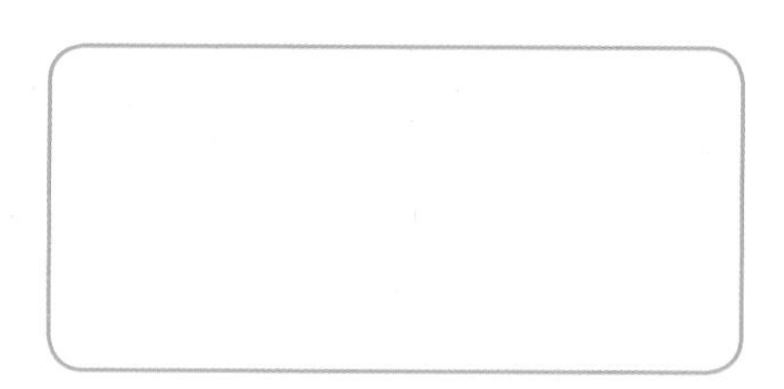

① ______________________

② ______________________

③ ______________________

2 차례대로 계산해 보며 잘못된 점을 글로 써봅시다.

①

$$\begin{array}{r} 2 \\ 3\overline{)69} \\ 60 \\ \hline 9 \\ \hline \end{array} \rightarrow \begin{array}{r} \\ 3\overline{)69} \\ \hline \\ \hline \end{array}$$

②

$$\begin{array}{r} \\ 3\overline{)69} \\ \hline \\ \hline \end{array}$$

① 69에서 ______________________

② 69에서 남은 ______________________

③ 69÷3의 몫은 [   ]입니다.

3 계산과정의 잘못된 점을 설명하여 봅시다.

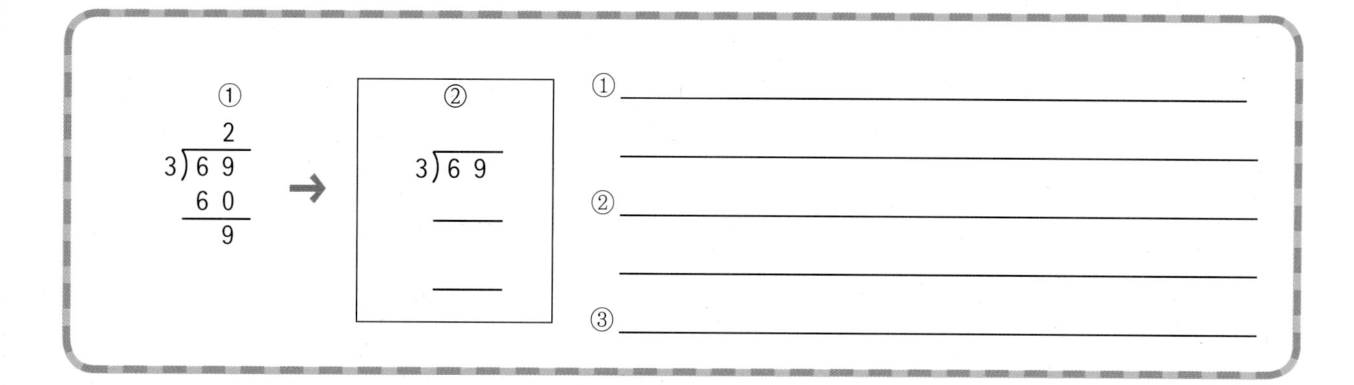

실전! 서술형!

다음과 같이 문제를 해결하였을 때 어떤 점이 잘못되었는지 글로 써봅시다.

$$\begin{array}{r} 1 \\ 7\overline{)77} \\ 70 \\ \hline 7 \end{array}$$

①

②

③

다음과 같이 문제를 해결하였을 때 어떤 점이 잘못되었는지 차례대로 계산을 해 보며 글로 써봅시다.

$$\begin{array}{r} 4 \\ 2\overline{)82} \\ 8 \\ \hline 2 \end{array}$$

①

②

③

2. 나눗셈 (연결)

개념 쏙쏙!

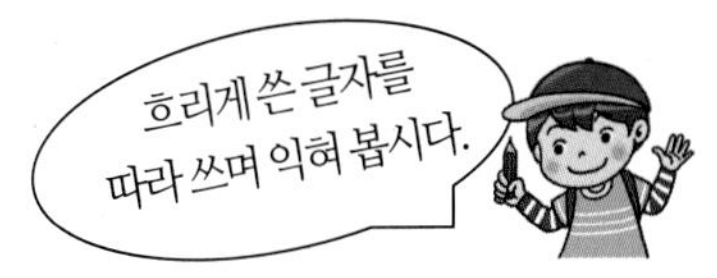

36개의 쿠키를 3개씩 나누어 줄 때 몇 명에게 나누어 줄 수 있을까?
36÷3을 여러 가지 방법으로 몫을 구하시오.

1 먼저 36개의 쿠키를 3개씩 묶어 그림으로 알아봅시다.

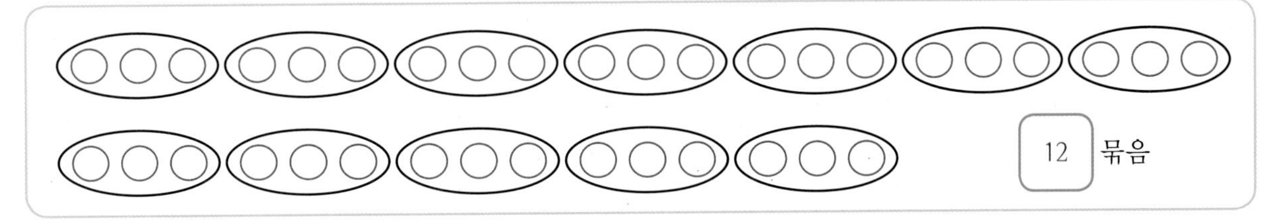

12 묶음

2 36에서 3씩 빼는 뺄셈식으로 알아봅시다.

36−3−3−3−3−3−3−3−3−3−3−3−3=0 36에서 3을 12 번 뺄 수 있습니다.

3 뺄셈식을 반대로 3씩 더해서 36이 될 때까지 더해서 알아봅시다.

3+3+3+3+3+3+3+3+3+3+3+3=36 3을 12 번 더하면 36이 됩니다.

4 곱셈식으로 알아봅시다.

3×12=36 3에 12 를 곱하면 36이 됩니다.

정리해 볼까요?

여러 가지 과정으로 몫 구하는 방법 설명하기

1. 그림으로 3개씩 묶으면 12묶음입니다.
2. 뺄셈식을 활용하여 36에서 3을 0이 될 때까지 빼면 12번 뺄 수 있습니다.
3. 덧셈식을 활용하여 3씩 계속 더해서 36이 될 때까지 더하면 12번 더합니다.
4. 곱셈식을 활용하여 3에 몇을 곱하면 36이 되는지 알아보면 3×12=36, 몫은 12입니다.

첫걸음 가볍게!

48÷4를 여러 가지 방법으로 몫을 구하고, 그 방법을 설명하시오.

1 먼저 그림으로 48개를 4장씩 묶어 그림으로 알아봅시다.

□□□□□□□□□□ □□□□□□□□□□
□□□□□□□□□□ □□□□□□□□□□
□□□□□□□□ ☐ 묶음

2 48에서 4씩 빼는 방법으로 뺄셈식으로 알아봅시다.

48−4−4−4−4−4−4−4−4−4−4−4−4=0 48에서 ______________ 뺄 수 있습니다.

3 뺄셈식을 반대로 4씩 더해서 48이 될 때까지 더해 알아봅시다.

4+4+4+4+4+4+4+4+4+4+4+4=48 ______________ 더하면 48이 됩니다.

4 곱셈식으로 알아봅시다.

4×12=48 ______________ 곱하면 48이 됩니다.

☐가 48÷4의 몫이 됩니다.

5 48÷4를 여러 가지 방법으로 구하는 방법을 설명하시오.

① 그림으로 ☐ 묶으면 ☐ 묶음입니다.

② 뺄셈식을 활용하여 48에서 4를 ☐ 빼면
48−4−4−4−4−4−4−4−4−4−4−4−4=0 이므로 12번 뺄 수 있습니다.

③ 덧셈식을 활용하여 4씩 계속 더해서 ☐이 될 때까지 더하면
4+4+4+4+4+4+4+4+4+4+4+4=48 이므로 12번 더합니다.

④ 곱셈식을 활용하여 4에 ☐ 48이 되는지 알아보면, 4×12=48이므로 몫은 12입니다.

한 걸음 두 걸음!

24÷2를 여러 가지 방법으로 몫을 구하고, 그 방법을 설명하시오.

1 24÷2를 그림으로 알아봅시다.

□□□□□□□□□□
□□□□□□□□□□
□□□□ □묶음

2 24÷2를 뺄셈식으로 알아봅시다.

24−2−2−2−2−2−2−2−2−2−2−2−2=0 24에서 ______________ 뺄 수 있습니다.

3 24÷2를 덧셈식으로 알아봅시다.

2+2+2+2+2+2+2+2+2+2+2+2=24 ______________ 더하면 24가 됩니다.

4 24÷2를 곱셈식으로 알아봅시다.

2×12=24 ______________ 곱하면 24가 됩니다.

□가 48÷4의 몫이 됩니다.

5 24÷2를 여러 가지 방법으로 구하는 방법을 설명하시오.

① ____으로 □씩 묶어서 _____ 묶음입니다.

② ________을 활용하여 24에서 2을 0이 될 때까지 빼면 ______________ 이므로 □번 뺍니다.

③ ________을 활용하여 2씩 계속 더해서 24가 될 때까지 더하면 ______________ 이므로 □번 더합니다.

④ ________을 활용하여 2에 몇을 곱하면 24가 되는지 알아보면, ________ 몫은 □입니다.

도전! 서술형!

42÷3을 여러 가지 방법으로 몫을 구하고, 그 방법을 설명하시오.

1 42 ÷ 3을 그림으로 알아봅시다.

42를 3개씩 묶으면 ☐번 묶을 수 있습니다.

2 42 ÷ 3을 뺄셈식으로 알아봅시다.

42에서 3을 0이 될 때까지 빼면 ☐번 뺄 수 있습니다.

3 42 ÷ 3을 덧셈식으로 알아봅시다.

3씩 계속 더해서 42가 될 때까지 더하면 ☐번 더할 수 있습니다.

4 42 ÷ 3을 곱셈식으로 알아봅시다.

3에 몇을 곱하면 42가 되는지 알아보면, ______________이므로 몫은 ☐입니다.

실전! 서술형!

60÷5를 여러 가지 방법으로 몫을 구하고,
그 방법을 설명하시오.

1. 60 ÷ 5를 그림으로 알아봅시다.

2. 60 ÷ 5를 뺄셈식으로 알아봅시다.

3. 60 ÷ 5를 덧셈식으로 알아봅시다.

4. 60 ÷ 5를 곱셈식으로 알아봅시다.

56÷4을 여러 가지 방법으로 몫을 구하고, 그 방법을 설명하시오.

Jumping Up! 창의성!

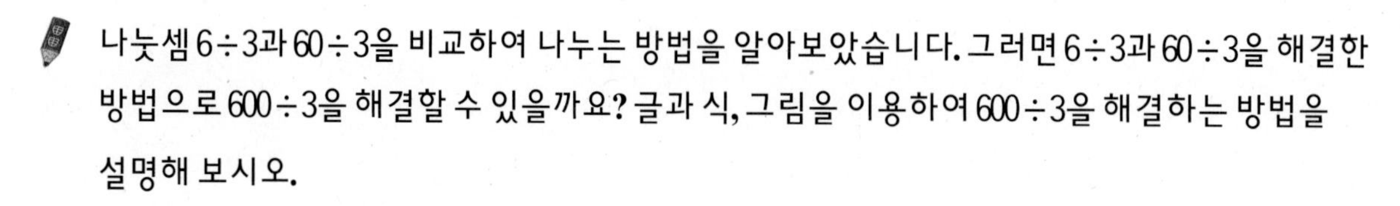

나눗셈 6÷3과 60÷3을 비교하여 나누는 방법을 알아보았습니다. 그러면 6÷3과 60÷3을 해결한 방법으로 600÷3을 해결할 수 있을까요? 글과 식, 그림을 이용하여 600÷3을 해결하는 방법을 설명해 보시오.

1. 6 ÷ 3과 60 ÷ 3을 해결할 때 사용한 방법은 무엇입니까?

2. 60 ÷ 3을 계산할 때, 6 ÷ 3을 이용하여 계산하는 과정을 식을 이용하여 나타내 봅시다.

$$6 \div 3 = 2 \rightarrow 60 \div 3 = 20$$

3. 나눗셈 6 ÷ 3을 이용하여 60 ÷ 3을 해결한 방법을 생각하며, 600 ÷ 3을 해결하는 방법을 설명해 보시오.

____

____

____

나눗셈 15÷3을 이용하여 150÷3과, 1500÷3을 해결하는 방법을 글과 식, 그림 등을 이용하여 설명하시오.

나의 실력은?

1 나눗셈 80 ÷ 4를 8 ÷ 4를 이용하여 계산방법을 설명하여 보시오.

1) 8 ÷ 4를 그림으로 나타내어 몫을 구해 봅시다.

2) 80 ÷ 4를 수모형으로 나타내어 몫을 구해 봅시다.

3) 나눗셈 80 ÷ 4를 8 ÷ 4를 이용하여 계산하는 방법을 글로 써 봅시다.

____

____

____

2 나눗셈 50 ÷ 2를 그림으로 알아보고 계산과정을 글로 표현해 봅시다.

1) 나눗셈 50 ÷ 2를 그림으로 몫을 구하고 과정을 글로 표현해 봅시다.

① 십모형으로 되어 있어 나누기 어려운 부분을 10개씩 묶음과 일모형로 나타냅니다.

② ______________________________

③ ______________________________

2) 그림으로 알아본 50 ÷ 2를 세로셈 식으로 나타내고 글로 표현해 봅시다.

```
    [  ]
2 ) 5 0
    [  ]   ← □×□
    1 0
    [  ]   ← □×□
      0
```

① 50에서 ____________________

② 남은 십모형 ____________________.

③ [ ]은 __________을 나타내며, [ ]은 __________를 나타냅니다.

3 다음과 같이 문제를 해결하였을 때 어떤 점이 잘못되었는지 글로 표현해 봅시다.

```
      3
2 ) 4 6
      6
      0
```

1) 먼저 수모형으로 알아봅시다.

① ____________________

② ____________________

③ ____________________

2) 차례대로 계산해 보며 잘못된 점을 글로 표현해 봅시다.

```
①                 ②
      3
2 ) 4 6    →    2 ) 4 6
      6             ____
      0
   ____             ____
```

① 46에서 ____________________

② 46에서 남은 ____________________

③ 46÷2의 몫은 [ ]입니다.

4 아래 계산과정을 보고 잘못된 점을 설명하고, 바르게 계산하시오.

1) 68 ÷ 3을 바르게 계산하시오.

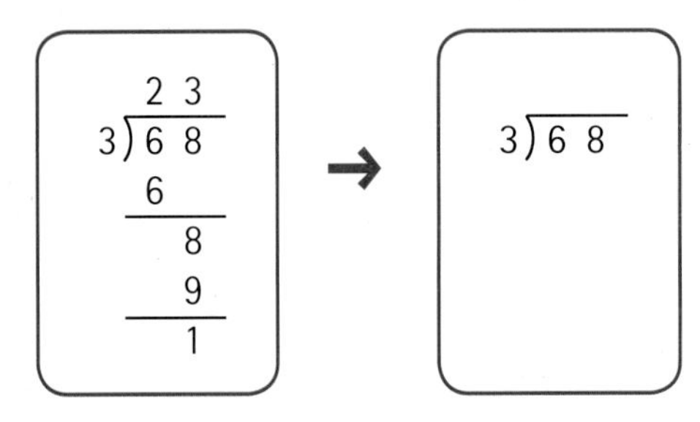

2) 잘못된 점을 설명하고 바르게 계산한 결과를 쓰시오.

① ______________________

② ______________________

③ ______________________

5 68 ÷ 4를 여러 가지 방법으로 몫을 구하고, 그 방법을 설명하시오.

1) 68 ÷ 4를 그림으로 알아봅시다.

2) 68 ÷ 4를 뺄셈식으로 알아봅시다.

3) 68 ÷ 4를 덧셈식으로 알아봅시다.

4) 68 ÷ 4를 곱셈식으로 알아봅시다.

3. 원

3. 원 (기본개념 1)

개념 쏙쏙!

왼쪽과 같은 무늬를 오른쪽에 그리고, 그 방법을 설명해 봅시다.

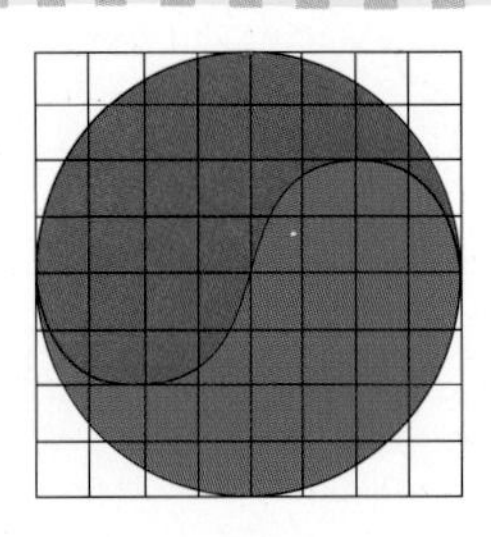

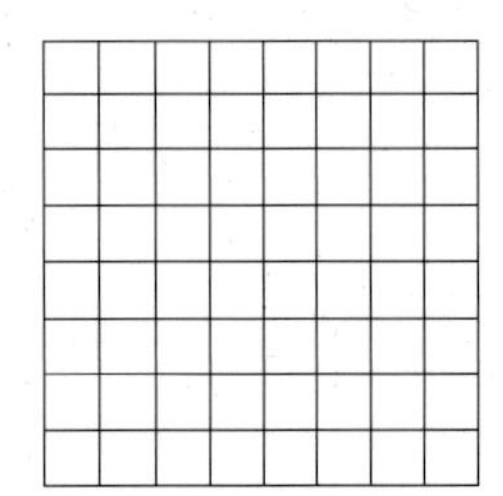

1 태극무늬에는 여러 개의 원이 숨어 있습니다. 전체 원을 다 그리면 원은 몇 개 입니까?

_______개

2 각 원의 중심을 찾을 수 있도록 반지름과 지름을 긋고, 중심을 표시해 봅시다.

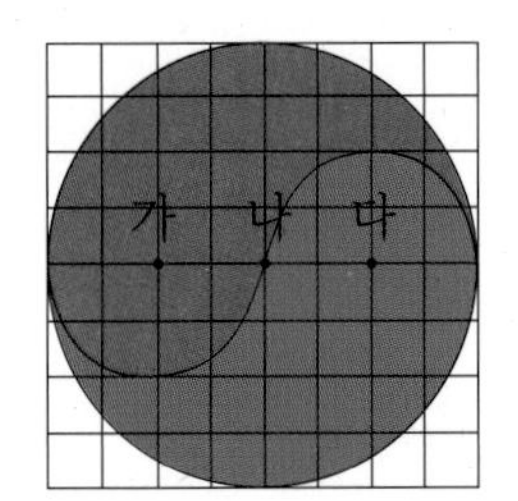

빨간 작은 원의 중심은 가이고 반지름은 2칸입니다.

전체 큰 원의 중심은 나이고 반지름은 4칸입니다.

파란 작은 원의 중심은 다이고 반지름은 2칸입니다.

3 무늬를 그리는 방법을 설명해 봅시다.

태극 무늬는 큰 원 1개와 작은 원 2개로 되어 있습니다.

큰 원의 중심인 나에 컴퍼스를 꽂아 반지름을 4칸으로 해서 그립니다.

작은 원 2개는 각 원의 중심 가와 다에 컴퍼스를 꽂아 반지름 2칸으로 해서 그립니다.

정리해 볼까요?

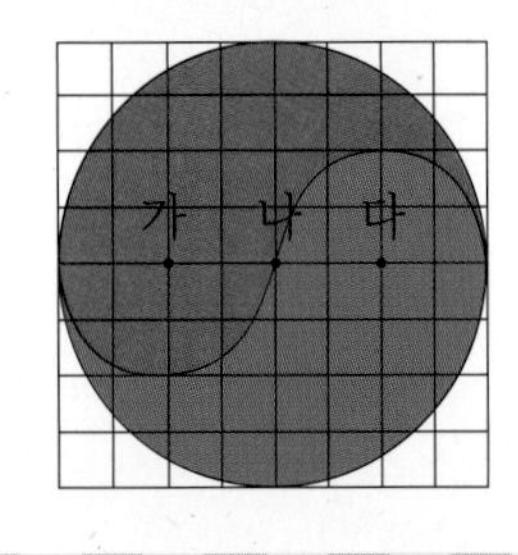

그림의 무늬를 그리는 방법

- 몇 개의 원이 있는지 살펴보고, 각각의 원의 중심을 찾고, 원의 반지름의 길이만큼 컴퍼스를 벌려 그립니다.
- 태극무늬는 큰 원 1개와 작은 원 2개로 되어 있습니다.
  큰 원의 중심인 나에 컴퍼스를 꽂아 반지름 4칸으로 그립니다.
  작은 원 2개는 각각 중심 가와 다에 컴퍼스를 꽂아 반지름 2칸으로 그립니다.
- 작은 원과 큰 원을 그릴 때 어느 원이든 먼저 그려도 됩니다.

첫걸음 가볍게!

왼쪽과 같은 무늬를 오른쪽에 그리고, 그 방법을 설명해 봅시다.

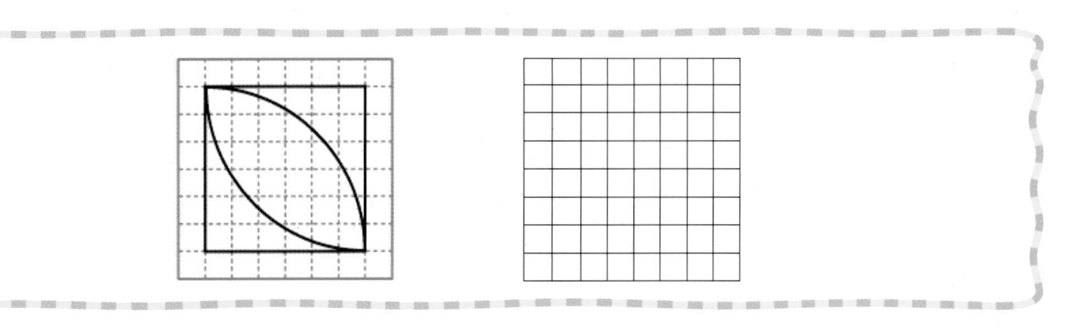

1 무늬에는 여러 개의 원이 숨어 있습니다. 전체 원을 다 그리면 원은 몇 개 입니까?

______개

2 각 원의 중심을 찾아 봅시다.

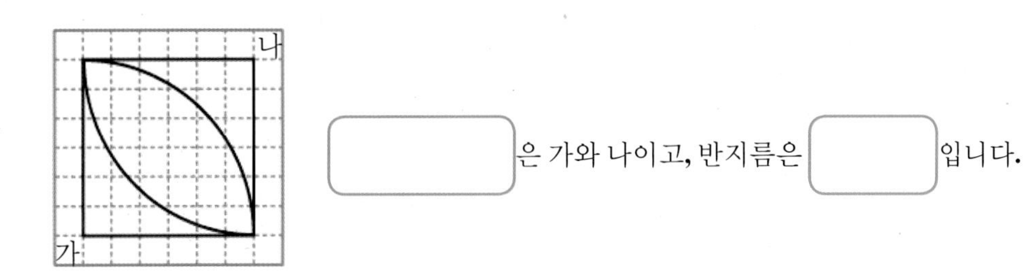

3 그림에서 반지름은 정사각형의 어느 부분과 같습니까?

반지름의 길이는 정사각형의 한 변의 길이와 같습니다.

4 무늬를 그리고, 그리는 방법을 설명하시오.

무늬에는 두 개의 원이 있고, 원의 일부만 나타나 있습니다.

원의 중심은 □이고, 반지름은 □입니다.

가와 나에 컴퍼스를 꽂아 정사각형의 한 변을 □으로 해서 두 원을 그립니다.

한 걸음 두 걸음!

왼쪽과 같은 무늬를 오른쪽에 그리고, 그 방법을 설명해 봅시다.

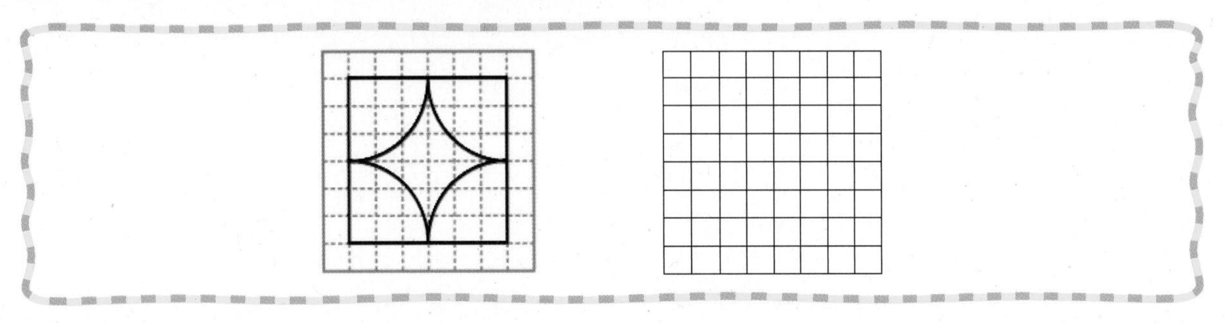

1 무늬에는 원의 일부가 들어 있습니다. 전체 원을 표시한다면 원은 몇 개 입니까?

______개

2 각 원의 중심을 찾아 봅시다.

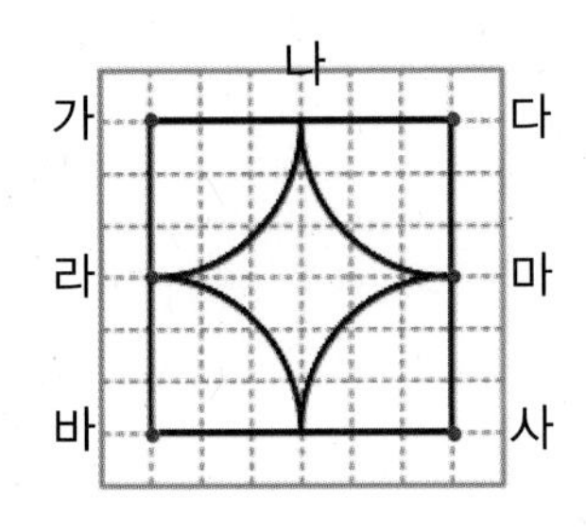

원의 중심은 [ ] 입니다.

3 그림에서 각 원의 반지름의 크기는 얼마입니까?

각 원의 반지름의 크기는 [ ] 입니다.

4 무늬를 그리고, 그리는 방법을 설명하시오.

무늬에는 [ ] 개의 원이 있고, 원의 일부만 나타나 있습니다.

[ ] 은 [ ] 이고, 반지름은 [ ] 입니다.

[ ] 에 컴퍼스를 꽂아 [ ] 을 반지름으로 해서 각 원을 그립니다.

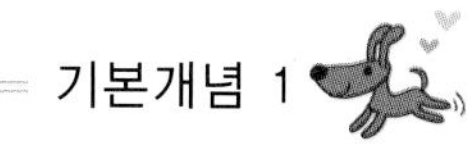

도전! 서술형!

왼쪽과 같은 무늬를 오른쪽에 그리고, 그 방법을 설명해 봅시다.

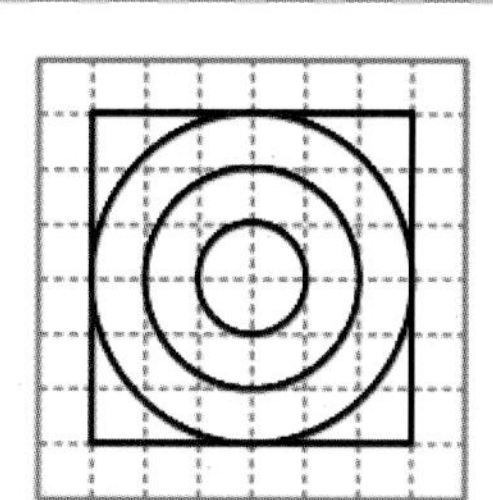

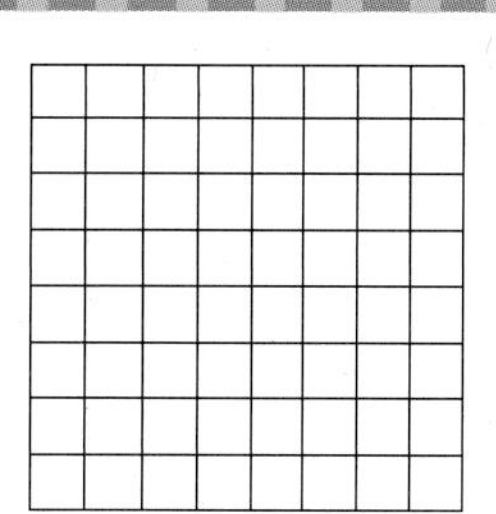

무늬에는 [ ] 개의 원이 있습니다.

원의 중심은 ______________________

[ ] 에 컴퍼스를 꽂아 ______________________

왼쪽과 같은 모양으로 오른쪽에 무늬를 그리는 방법을 설명해 봅시다.

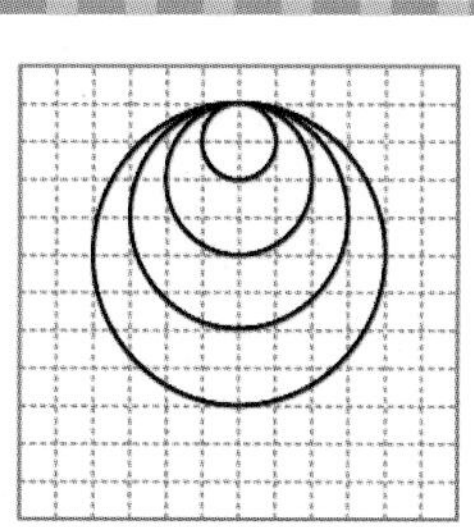

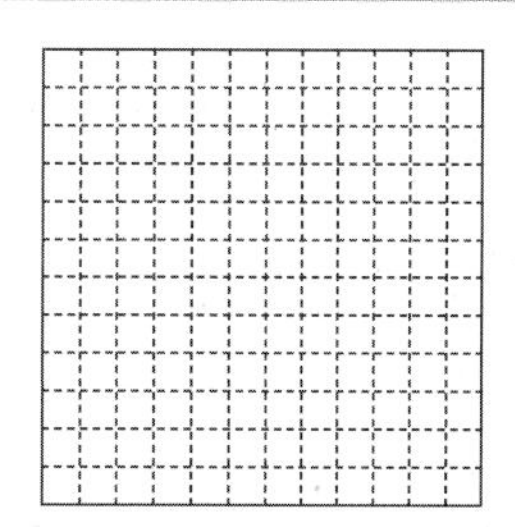

무늬에는 [ ] 개의 원이 있습니다.

원의 중심은 ______________________

[ ] 에 컴퍼스를 꽂아 ______________________

실전! 서술형!

왼쪽과 같은 모양으로 오른쪽에 무늬를 그리는 방법을 설명해 봅시다.

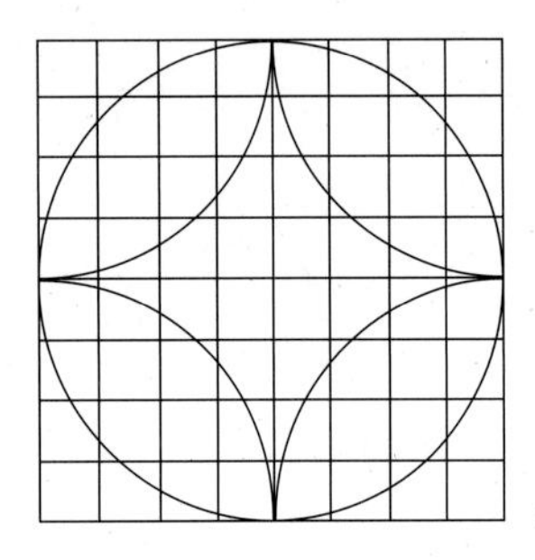

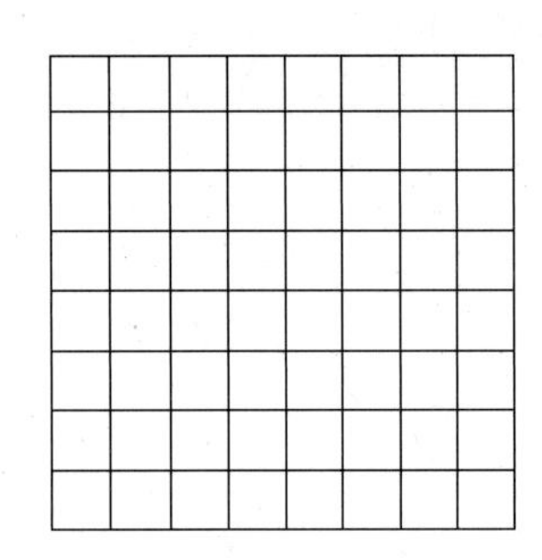

3. 원 (기본개념 2)

개념 쏙쏙!

아래 그림의 원에서 볼 수 있는 규칙을 글로 써봅시다.

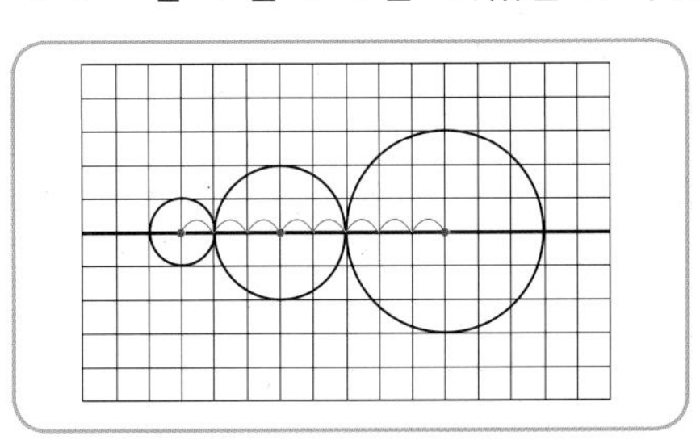

1 첫 번째 원의 반지름과 지름의 길이를 세어 봅시다.

반지름 [1]칸, 지름 [2]칸

2 두 번째 원의 반지름과 지름의 길이를 세어 봅시다.

반지름 [2]칸, 지름 [4]칸

3 세 번째 원의 반지름과 지름의 길이를 세어 봅시다.

반지름 [3]칸, 지름 [6]칸

4 위 세 개의 원의 반지름과 지름의 길이를 표에 나타내어 봅시다.

원	반지름	지름
첫 번째 원		
두 번째 원		
세 번째 원		

5 원의 중심이 이동하는 것을 살펴봅시다.

첫 번째 원의 중심에서 [3]칸, [8]칸씩 오른쪽으로 이동합니다.

정리해 볼까요?

그림의 무늬를 그리는 방법

- 작은 원에서 큰 원으로 차례대로 반지름과 지름의 크기를 살펴봅니다.
- 반지름이 1칸, 2칸, 3칸씩 커지는 규칙입니다.
- 지름은 2칸, 4칸, 6칸씩 커지는 규칙입니다.
- 원의 중심은 첫 번째 원의 중심에서 3칸, 8칸씩 오른쪽으로 이동합니다.

첫걸음 가볍게!

아래 그림의 원에서 볼 수 있는 규칙을 글로 써봅시다.

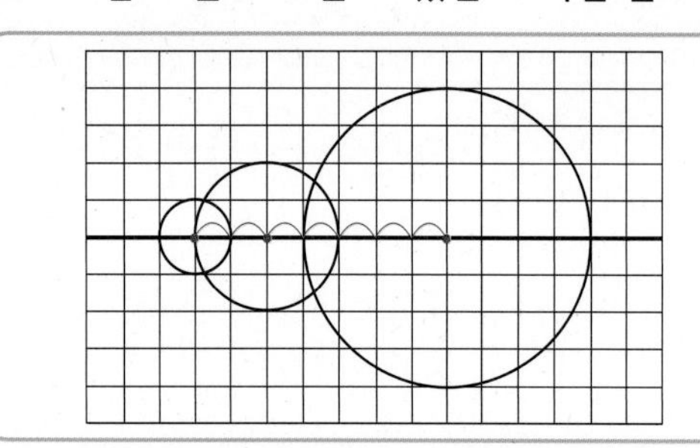

1 첫 번째 원의 반지름과 지름의 길이를 세어 봅시다.

반지름 [1]칸, 지름 [2]칸

2 두 번째 원의 반지름과 지름의 길이를 세어 봅시다.

반지름 [2]칸, 지름 [4]칸

3 세 번째 원의 반지름과 지름의 길이를 세어 봅시다.

반지름 [4]칸, 지름 [8]칸

4 위 세 개의 원의 반지름과 지름의 길이를 표에 나타내어 봅시다.

원	반지름	지름
첫 번째 원		
두 번째 원		
세 번째 원		

5 원의 중심이 이동하는 것을 살펴봅시다.

첫 번째 원의 중심에서 [ ]칸, [ ]칸씩 오른쪽으로 이동합니다.

6 그림의 원에서 볼 수 있는 규칙을 글로 써봅시다.

작은 원에서 큰 원으로 차례대로 [ ]과 [ ]의 크기를 살펴보면

반지름이 [ ]씩 커지고, 지름은 [ ]씩 커지는 규칙입니다.

원의 중심은 첫 번째 원의 중심에서 [ ] 오른쪽으로 이동합니다.

한 걸음 두 걸음!

아래 그림의 원에서 볼 수 있는 규칙을 글로 써봅시다.

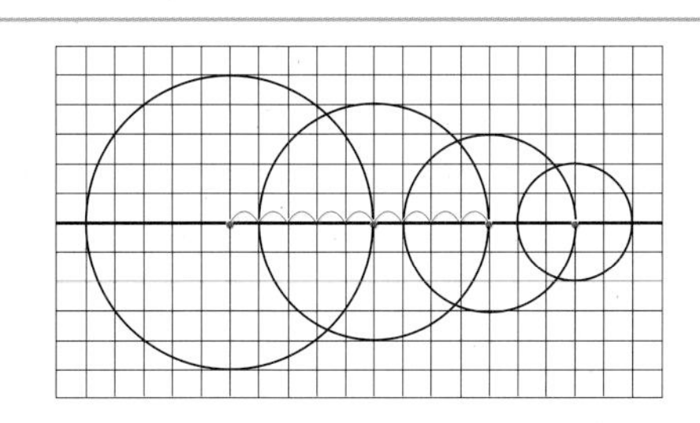

1 첫 번째 원의 반지름과 지름의 길이를 세어 봅시다.

____

2 두 번째 원의 반지름과 지름의 길이를 세어 봅시다.

____

3 세 번째 원의 반지름과 지름의 길이를 세어 봅시다.

____

4 위 세 개의 원의 반지름과 지름의 길이를 표에 나타내어 봅시다.

원	☐	☐
첫 번째 원		
두 번째 원		
세 번째 원		

5 원의 중심이 이동하는 것을 살펴봅시다.

첫 번째 원의 중심에서 ______________________ 이동합니다.

6 그림의 원에서 볼 수 있는 규칙을 글로 써봅시다.

큰 원에서 작은 원으로 ________ ☐ 과 ☐ 의 크기를 살펴보면

반지름은 ________________ 작아지고, 지름은 ________________ 규칙입니다.

원의 _____ 은 ____________________ 이동합니다.

도전! 서술형!

 아래 그림의 원에서 볼 수 있는 규칙을 글로 써봅시다.

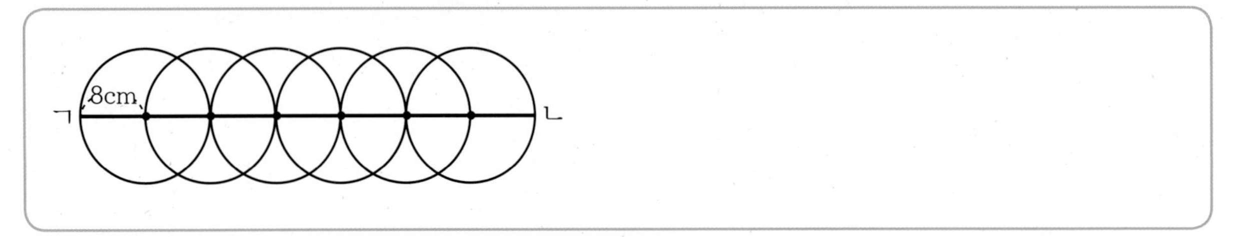

1 첫 번째 원의 반지름과 지름의 길이를 살펴봅시다.

____

2 두 번째 원의 반지름과 지름의 길이를 살펴봅시다.

____

3 세 번째 원의 반지름과 지름의 길이를 살펴봅시다.

____

4 위 세 개의 원의 반지름과 지름의 길이를 표에 나타내어 봅시다.

원		
첫 번째 원		
두 번째 원		
세 번째 원		

5 원의 중심이 이동하는 것을 살펴봅시다.

첫 번째 원의 중심에서 ______________________________ 이동합니다.

6 그림의 원에서 볼 수 있는 규칙을 말해 봅시다.

____

____

____

실전! 서술형!

 아래 그림의 원에서 볼 수 있는 규칙을 글로 써봅시다.

'개념쏙쏙'과 '첫걸음 가볍게'의 내용을
참고해서 차근차근 설명해 봅시다.

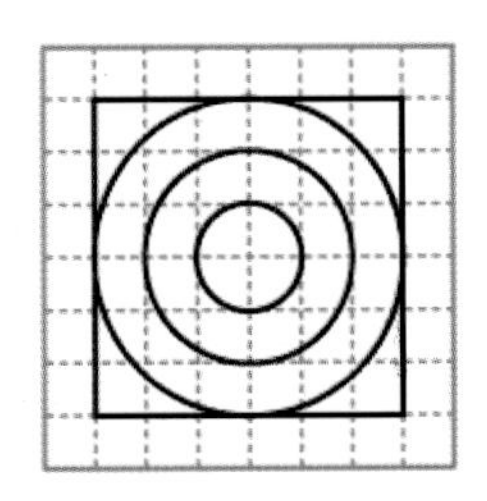

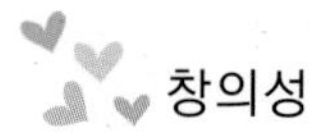

컴퍼스를 이용하여 그렸습니다. 여러 가지 크기의 원과 원의 일부를 이용하여 재미있는 그림을 그릴 수 있습니다. 컴퍼스를 이용하여 재미있는 그림을 그려 봅시다.

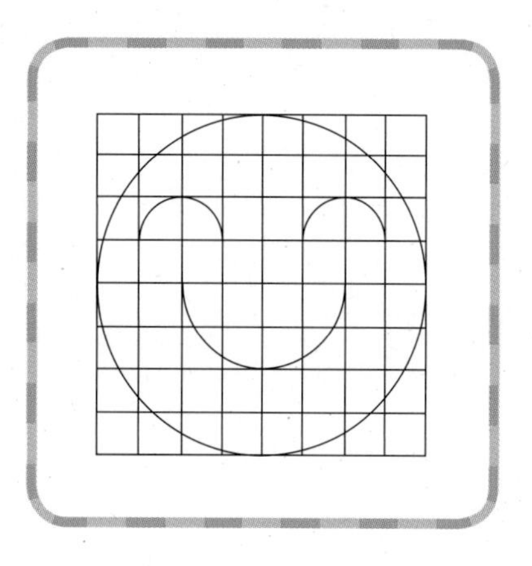

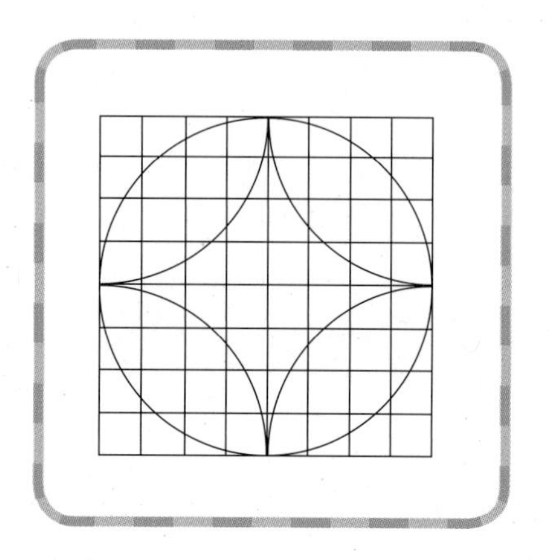

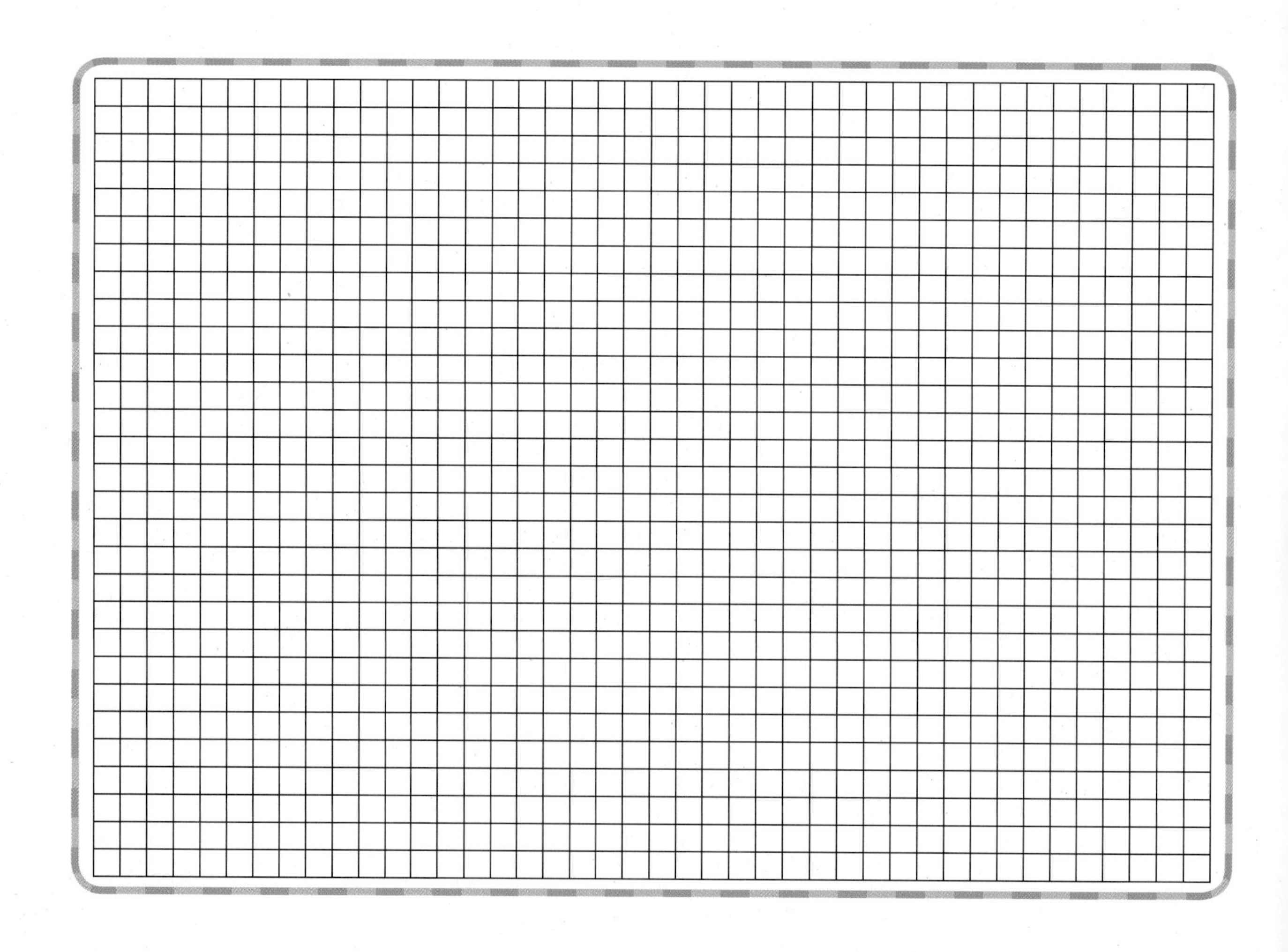

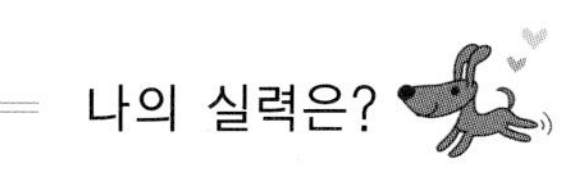

나의 실력은?

원을 이용하여 아래 무늬를 그리려고 합니다. 아래 무늬와 같게 오른쪽에 그리고, 그리는 방법을 설명해 봅시다.

무늬에는 □ 개의 원이 있습니다.

원의 중심은 ________________________________ 입니다.

□ 에 컴퍼스를 꽂아 ________________________________

아래 그림의 원에서 볼 수 있는 규칙을 말해 봅시다.

왼쪽에서 오른쪽으로 ________________ □ 과 □ 의 크기를 살펴보면

________________________________ 같습니다.

원의 ________ 은 ________________________ 이동합니다.

3-2

4. 분수

4. 분수 (기본개념 1)

개념 쏙쏙!

8의 $\frac{3}{4}$을 구하는 방법을 설명하고 답을 쓰시오.

1 위의 문제를 실생활 문제로 바꾸면 다음과 같습니다.

현정이는 연필 8자루의 $\frac{3}{4}$을 동생에게 주려고 합니다. 동생에게 줄 연필이 몇 자루인지 구하는 방법을 설명하고 답을 쓰시오.

2 그림으로 나타내어 봅시다.

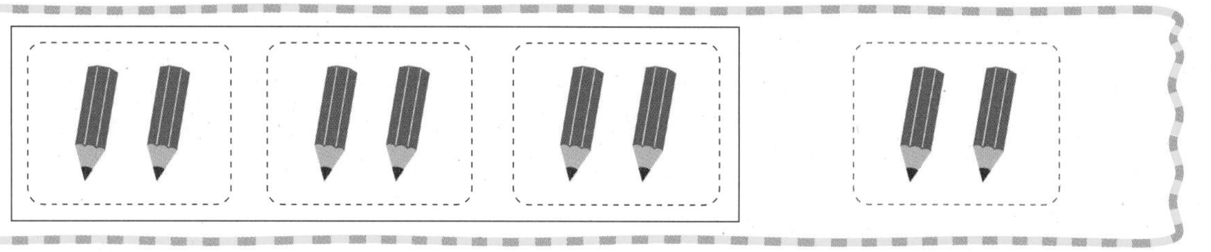

(연필 8자루의 $\frac{3}{4}$은 6자루입니다.)

3 글로 나타내어 봅시다.

전체는 연필 8자루입니다.

$\frac{1}{4}$은 전체를 똑같이 4묶음으로 나눈 것 중의 1개입니다.

8의 $\frac{1}{4}$은 8을 똑같이 4묶음으로 나눈 것 중의 1묶음이므로 2입니다.

8의 $\frac{2}{4}$는 8을 똑같이 4묶음으로 나눈 것 중의 2묶음이므로 4입니다.

8의 $\frac{3}{4}$은 8을 똑같이 4묶음으로 나눈 것 중의 3묶음이므로 6입니다.

8의 $\frac{4}{4}$는 8을 똑같이 4묶음으로 나눈 것 중의 4묶음이므로 8입니다.

연필 8자루의 $\frac{3}{4}$을 알아보면 전체(연필 8자루)를 똑같이 4묶음으로 나눈 것 중의 3묶음입니다. 이때 한 묶음은 2자루입니다. 연필 2자루씩 3묶음이므로 연필은 6자루입니다.

정리해 볼까요?

8의 $\frac{3}{4}$을 구하는 방법을 설명하기

8의 $\frac{3}{4}$은 전체 8을 4묶음으로 똑같이 나눈 것 중의 3묶음입니다. 한 묶음은 $\frac{1}{4}$이므로 2를 나타내고 $\frac{3}{4}$은 $\frac{1}{4}$이 3개입니다. 따라서 8의 $\frac{3}{4}$은 2씩 3묶음이고 6입니다.

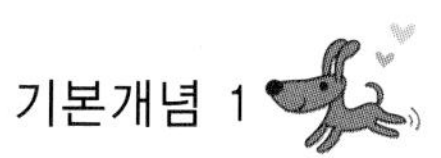

첫걸음 가볍게!

현주는 사탕 10개의 $\frac{2}{5}$를 동생에게 주려고 합니다. 사탕 10개의 $\frac{2}{5}$는 몇 개인지 구하는 방법을 설명하고 답을 쓰시오.

1 그림으로 나타내어 봅시다.

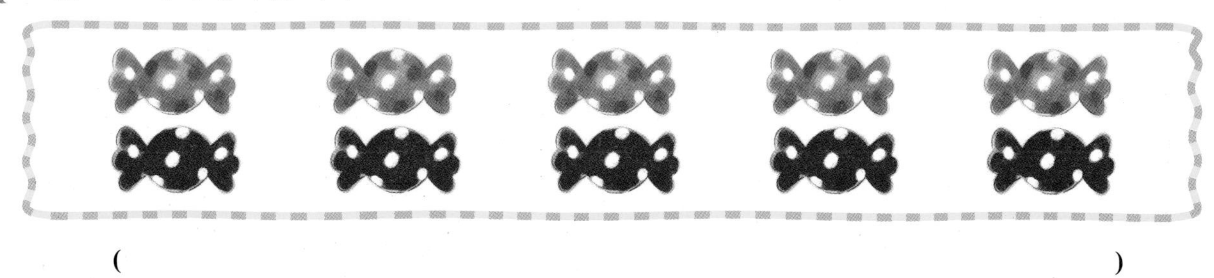

( )

2 글로 나타내어 봅시다.

전체는 [ ] 입니다.

$\frac{1}{5}$은 전체를 똑같이 [ ] 으로 나눈 것 중의 1개입니다.

10의 $\frac{1}{5}$은 10을 똑같이 [ ] 으로 나눈 것 중의 [ ] 이므로 [ ] 입니다.

10의 $\frac{2}{5}$는 10을 똑같이 [ ] 으로 나눈 것 중의 [ ] 이므로 [ ] 입니다.

10의 $\frac{3}{5}$은 10을 똑같이 [ ] 으로 나눈 것 중의 [ ] 이므로 [ ] 입니다.

10의 $\frac{4}{5}$는 10을 똑같이 [ ] 으로 나눈 것 중의 [ ] 이므로 [ ] 입니다.

10의 $\frac{5}{5}$는 10을 똑같이 [ ] 으로 나눈 것 중의 [ ] 이므로 [ ] 입니다.

사탕 10개의 $\frac{2}{5}$를 알아보면 전체(사탕 10개)를 똑같이 [ ] 으로 나눈 것 중의 [ ] 입니다. 이 때 한 묶음은 [ ] 개입니다. 사탕 [ ] 개씩 [ ] 이므로 사탕은 [ ] 개입니다.

3 10의 $\frac{2}{5}$를 구하는 방법을 설명하고 답을 쓰시오.

10의 $\frac{2}{5}$는 전체 10을 [ ] 으로 똑같이 나눈 것 중의 [ ] 입니다. 한 묶음은 $\frac{1}{5}$이므로 [ ] 를 나타내고 $\frac{2}{5}$는 $\frac{1}{5}$이 2개입니다. 따라서 10의 $\frac{2}{5}$는 [ ] 씩 [ ] 이고 [ ] 입니다.

한 걸음 두 걸음!

준서네 반 친구들은 24명입니다. 음악 시간에 준서네 반 친구들의 $\frac{2}{3}$는 리코더를 연주하고 나머지 친구들은 멜로디언을 연주하려고 합니다. 리코더를 연주할 친구들은 모두 몇 명인지 구하는 방법을 설명하고 답을 쓰시오.

1 그림으로 나타내어 봅시다.

(　　　　　　　　　　　　　　　　　　　　　　)

2 글로 나타내어 봅시다.

전체는 ☐ 입니다.

$\frac{1}{3}$은 전체를 똑같이 ☐ 으로 나눈 것 중의 1개입니다.

24의 $\frac{1}{3}$은 ______________________________ 입니다.

24의 $\frac{2}{3}$는 ______________________________ 입니다.

24의 $\frac{3}{3}$은 ______________________________ 입니다.

친구 24명의 $\frac{2}{3}$를 알아보면 전체(24명)를 똑같이 ☐ 으로 나눈 것 중의 ☐ 입니다.

이 때 한 묶음은 ☐ 명입니다. ☐ 명씩 ☐ 이므로 친구는 ☐ 명입니다.

3 24의 $\frac{2}{3}$를 설명하고 답을 쓰시오.

24의 $\frac{2}{3}$는 전체 ☐ 를 ☐ 으로 똑같이 나눈 것 중의 ☐ 입니다. 한 묶음은 ☐ 이므로 ☐ 을 나타내고 ☐ 는 ☐ 이 ☐ 개입니다. 따라서 24의 $\frac{2}{3}$는 ☐ 씩 ☐ 이고 ☐ 입니다.

도전! 서술형!

주연이네 강아지가 새끼를 8마리 낳았습니다. 그중에 $\frac{2}{4}$는 흰색 강아지입니다. 흰색 강아지는 모두 몇 마리인지 구하는 방법을 설명하고 답을 쓰시오.

1 그림으로 나타내어 봅시다.

(   )

2 글로 나타내어 봅시다.

실전! 서술형!

지원이는 바둑돌을 40개 가지고 있습니다. 그중에 $\frac{3}{5}$은 흰 바둑돌입니다. 흰 바둑돌은 모두 몇 개인지 구하는 방법을 설명하고 답을 쓰시오.

4. 분수 (기본개념 2)

개념 쏙쏙!

20을 4씩 묶으면 8은 20의 몇 분의 몇인지 분수로 나타내는 방법을 설명하고 답을 쓰시오.

1 위의 문제를 실생활 문제로 바꾸면 다음과 같습니다.

초원이는 생일상을 차리고 있습니다. 과자 20개를 4개씩 5접시에 똑같이 나누어 담았습니다. 과자 8개는 전체의 몇 분의 몇인지 분수로 나타내는 방법을 설명하고 답을 쓰시오.

2 그림으로 나타내어 봅시다.

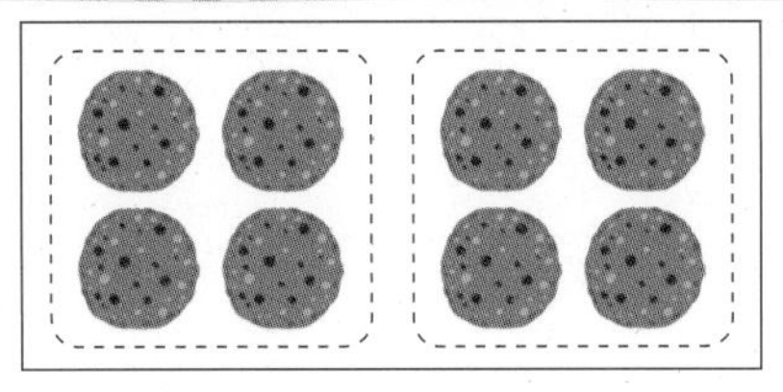
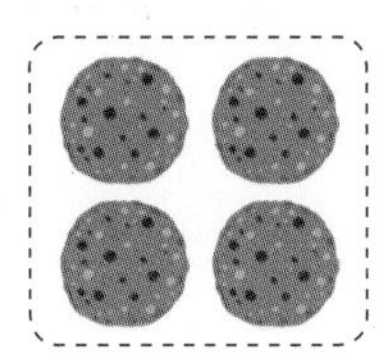
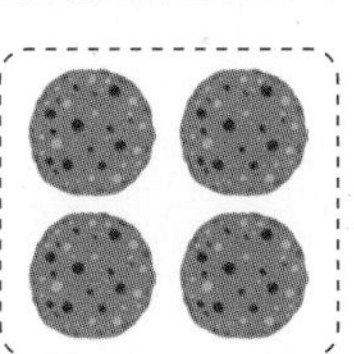
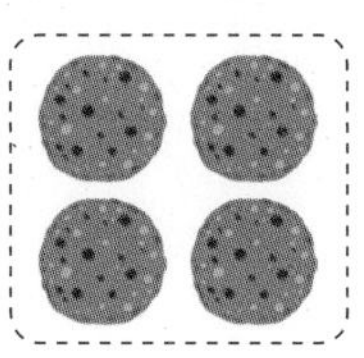

(20을 4씩 묶으면 5묶음입니다. 5묶음 중의 2묶음이므로 8은 20의 $\frac{2}{5}$입니다.)

3 글로 나타내어 봅시다.

20을 4씩 묶으면 5묶음입니다. 과자 20개를 4개씩 묶었을 때

과자 4개는 5묶음 중의 1묶음이므로 $\frac{1}{5}$이고,
과자 8개는 5묶음 중의 2묶음이므로 $\frac{2}{5}$이고,
과자 12개는 5묶음 중의 3묶음이므로 $\frac{3}{5}$이고,
과자 16개는 5묶음 중의 4묶음이므로 $\frac{4}{5}$이고,
과자 20개는 5묶음 중의 5묶음이므로 $\frac{5}{5}$입니다.
전체 5묶음 중의 2묶음은 $\frac{2}{5}$입니다.
과자 20개를 4개씩 묶으면 5묶음입니다. 과자 8개는 2묶음으로 과자 20개의 $\frac{2}{5}$입니다.

정리해 볼까요?

20을 4씩 묶으면 8은 20의 몇 분의 몇인지 분수로 나타내는 방법 설명하기

20을 4씩 묶으면 5묶음입니다. 8은 4씩 묶었을 때 5묶음 중의 2묶음입니다. 5묶음 중의 2묶음은 $\frac{2}{5}$입니다. 따라서 20을 4씩 묶으면 8은 20의 $\frac{2}{5}$입니다.

첫걸음 가볍게!

미술시간에 사용할 도화지가 있습니다. 도화지는 모두 12장입니다. 도화지 12장을 2장씩 6묶음을 만들었습니다. 도화지 6장은 전체의 몇 분의 몇 인지 분수로 나타내는 방법을 설명하고 답을 쓰시오.

1 그림으로 나타내어 봅시다.

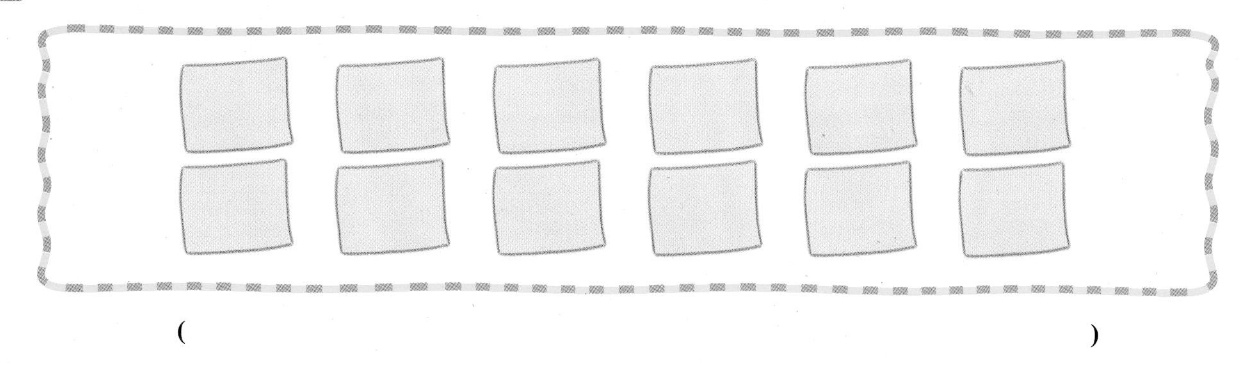

(   )

2 글로 나타내어 봅시다.

도화지 12장을 2장씩 묶으면 [ ] 입니다. 도화지 12장을 2장씩 묶었을 때

도화지 2장은 [ ] 중의 [ ] 이므로 [ ] 이고,

도화지 4장은 [ ] 중의 [ ] 이므로 [ ] 이고,

도화지 6장은 [ ] 중의 [ ] 이므로 [ ] 이고,

도화지 8장은 [ ] 중의 [ ] 이므로 [ ] 이고,

도화지 10장은 [ ] 중의 [ ] 이므로 [ ] 이고,

도화지 12장은 [ ] 중의 [ ] 이므로 [ ] 이고,

전체 [ ] 중의 [ ] 이므로 [ ] 입니다.

도화지 12장을 2장씩 묶으면 6묶음입니다. 도화지 6장은 3묶음으로 도화지 12장의 [ ] 입니다.

3 12를 2씩 묶으면 6은 12의 몇 분의 몇인지 분수로 나타내는 방법을 설명하고 답을 쓰시오.

12를 2씩 묶으면 [ ] 입니다. 6은 2씩 묶었을 때 [ ] 중의 [ ] 입니다. 6묶음 중의 3묶음은 [ ] 입니다. 따라서 12를 2씩 묶으면 6은 12의 [ ] 입니다.

한 걸음 두 걸음!

대원이는 물고기를 15마리 샀습니다. 작은 어항에 물고기를 3마리씩 넣었습니다. 물고기 9마리는 전체의 몇 분의 몇인지 분수로 나타내는 방법을 설명하고 답을 쓰시오.

1 그림으로 나타내어 봅시다.

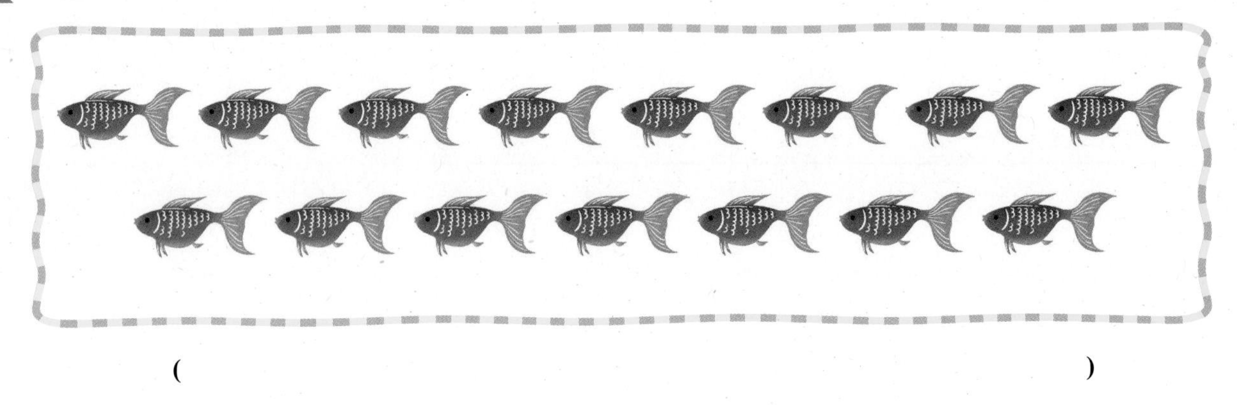

( )

2 글로 나타내어 봅시다.

물고기를 3마리씩 묶으면 ☐ 입니다. 물고기 15마리를 3마리씩 묶었을 때

물고기 3마리는 ______ 이고,

물고기 6마리는 ______ 이고,

물고기 9마리는 ______ 이고,

물고기 12마리는 ______ 이고,

물고기 15마리는 ______ 입니다.

전체 ☐ 중의 ☐ 은 ☐ 입니다.

물고기 15마리를 3마리씩 묶으면 5묶음입니다. 물고기 9마리는 3묶음으로 15마리의 ☐ 입니다.

3 15를 3씩 묶으면 9는 15의 몇 분의 몇인지 분수로 나타내는 방법을 설명하고 답을 쓰시오.

15를 3씩 묶으면 ☐ 입니다. 9는 3씩 묶었을 때 ☐ 중의 ☐ 입니다. 5묶음 중의 3묶음은 ☐ 입니다. 따라서 15를 3씩 묶으면 9는 15의 ☐ 입니다.

도전! 서술형!

영채는 책을 24권 가지고 있습니다. 책장 한 칸에 8권씩 책을 꽂고 있습니다. 책 16권은 전체의 몇 분의 몇인지 분수로 나타내는 방법을 설명하고 답을 쓰시오.

1 그림으로 나타내어 봅시다.

(   )

2 글로 나타내어 봅시다.

실전! 서술형!

정호는 체육시간에 쓸 야구공을 통에 담고 있습니다. 야구공 40개를 8개씩 5개의 통에 똑같이 나누어 담았습니다. 야구공 24개는 전체의 몇 분의 몇인지 분수로 나타내는 방법을 설명하고 답을 쓰시오.

4. 분수 (기본개념 3)

개념 쏙쏙!

$\frac{3}{10}+\frac{4}{10}$를 구하는 방법을 설명하고 답을 쓰시오.

1 위의 문제를 실생활 문제로 바꾸면 다음과 같습니다.

어머니께서 시루떡을 만드시고 10조각으로 똑같이 나누었습니다. 현호는 오전에 3조각을 먹었고 오후에는 4조각을 먹었습니다. 현호가 하루 동안 먹은 시루떡은 전체의 얼마인지 구하는 방법을 설명하고 답을 쓰시오.

2 그림으로 나타내어 봅시다.

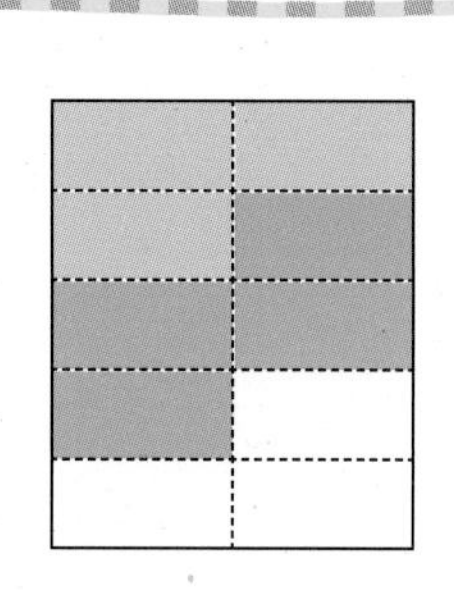

오전에 먹은 떡은 10조각 중의 3조각이므로 $\frac{3}{10}$입니다.

부분은 $\frac{1}{10}$이 3개입니다.

오후에 먹은 떡은 10조각 중의 4조각이므로 $\frac{4}{10}$입니다.

부분은 $\frac{1}{10}$이 4개입니다.

(현호가 먹은 떡은 $\frac{1}{10}$이 7개이므로 $\frac{7}{10}$입니다.)

3 글로 나타내어 봅시다.

오전에 먹은 떡은 10조각 중의 3조각이므로 $\frac{3}{10}$이고 $\frac{1}{10}$이 3개입니다.

오후에 먹은 떡은 10조각 중의 4조각이므로 $\frac{4}{10}$이고 $\frac{1}{10}$이 4개입니다.

$\frac{3}{10}+\frac{4}{10}$는 $\frac{1}{10}$이 7개이므로 $\frac{7}{10}$로 나타냅니다.

따라서 $\frac{3}{10}+\frac{4}{10}$는 $\frac{7}{10}$입니다.

정리해 볼까요?

$\frac{3}{10}+\frac{4}{10}$를 구하는 방법을 설명하기

$\frac{3}{10}$은 $\frac{1}{10}$이 3개입니다. $\frac{4}{10}$는 $\frac{1}{10}$이 4개입니다. $\frac{3}{10}+\frac{4}{10}$는 $\frac{1}{10}$이 7개입니다. 이것은 $\frac{7}{10}$입니다. 덧셈식으로 나타내면 $\frac{3}{10}+\frac{4}{10}=\frac{7}{10}$입니다.

첫걸음 가볍게!

태우는 우유 $\frac{3}{8}$컵을 마셨고 태우의 동생은 우유 $\frac{2}{8}$컵을 마셨습니다. 태우와 동생이 마신 우유의 양은 전체의 얼마인지 구하는 방법을 설명하고 답을 쓰시오.

1 그림으로 나타내어 봅시다.

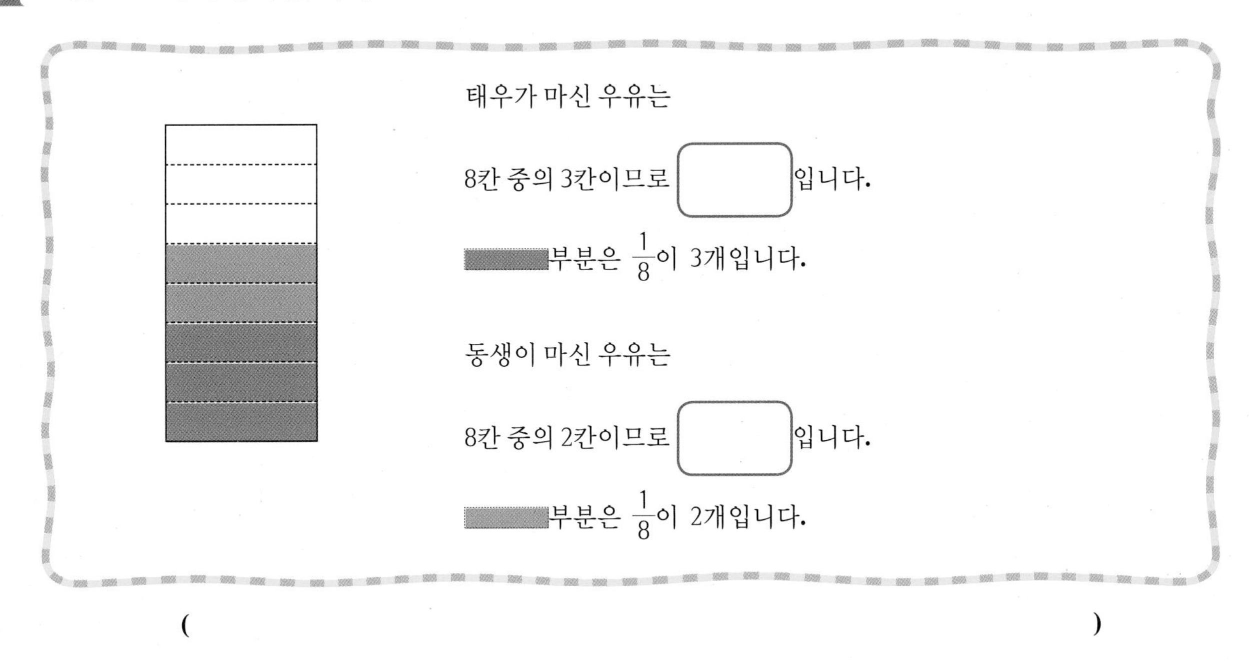

(　　　　　　　　　　　　　　　　　　　　　　　　)

2 글로 나타내어 봅시다.

태우가 먹은 우유는 8칸 중의 3칸이므로 ☐이고 $\frac{1}{8}$이 ☐개입니다.

동생이 먹은 우유는 8칸 중의 2칸이므로 ☐이고 $\frac{1}{8}$이 ☐개입니다.

$\frac{3}{8}+\frac{2}{8}$는 ☐이 ☐개이므로 ☐로 나타냅니다.

따라서 $\frac{3}{8}+\frac{2}{8}$는 ☐입니다.

3 $\frac{3}{8}+\frac{2}{8}$를 구하는 방법을 설명하고 답을 쓰시오.

$\frac{3}{8}$은 $\frac{1}{8}$이 ☐개입니다. $\frac{2}{8}$는 $\frac{1}{8}$이 ☐개입니다. $\frac{3}{8}+\frac{2}{8}$는 $\frac{1}{8}$이 ☐개입니다. 이것은 ☐입니다.

덧셈식으로 나타내면 $\frac{3}{8}+\frac{2}{8}=$ ☐입니다.

한 걸음 두 걸음!

승엽이는 마당에 있는 밭에 나무 15그루를 심었습니다. 사과나무 4그루와 배나무 7그루, 오동나무 4그루를 심었습니다. 승엽이가 심은 과일나무는 전체의 얼마인지 구하는 방법을 설명하고 답을 쓰시오.

1 그림으로 나타내어 봅시다.

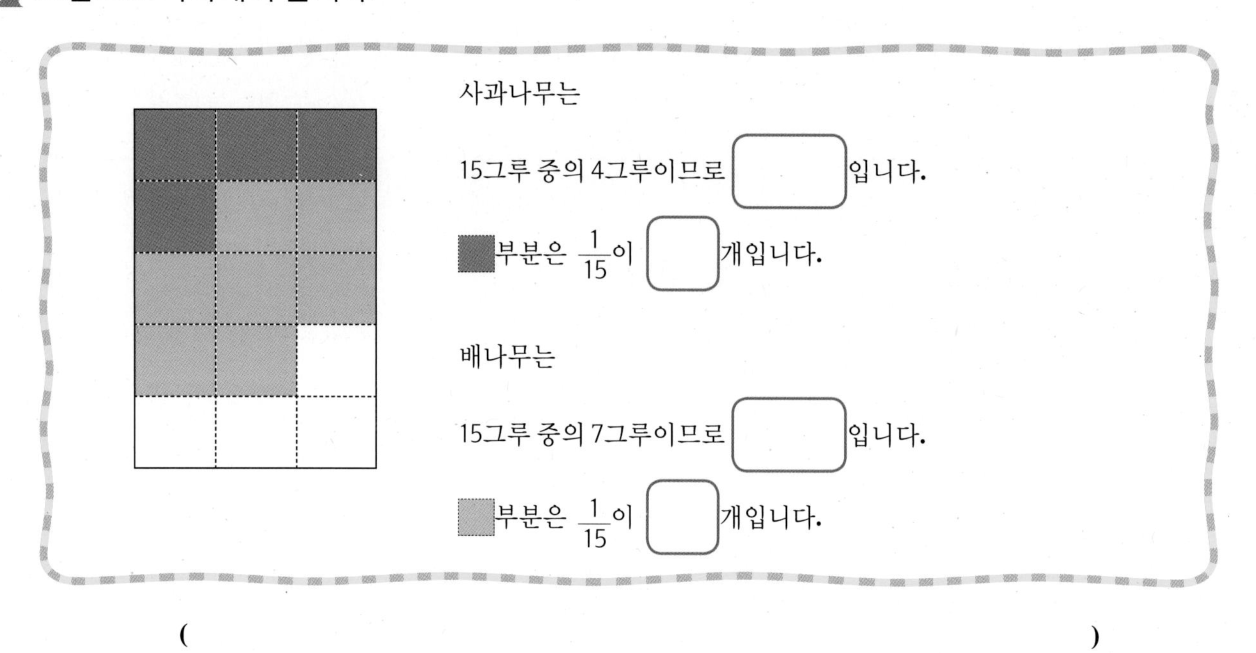

사과나무는

15그루 중의 4그루이므로 ☐입니다.

■부분은 $\frac{1}{15}$이 ☐개입니다.

배나무는

15그루 중의 7그루이므로 ☐입니다.

■부분은 $\frac{1}{15}$이 ☐개입니다.

(　　　　　　　　　　　　　　　　　　　　)

2 글로 나타내어 봅시다.

사과나무는 15그루 중의 4그루이므로 ______________________ 입니다.

배나무는 15그루 중의 7그루이므로 ______________________ 입니다.

$\frac{4}{15}+\frac{7}{15}$은 ______________________________ 로 나타냅니다.

따라서 $\frac{4}{15}+\frac{7}{15}$은 ☐입니다.

3 $\frac{4}{15}+\frac{7}{15}$을 구하는 방법을 설명하고 답을 쓰시오.

$\frac{4}{15}$는 $\frac{1}{15}$이 ☐개입니다. $\frac{7}{15}$은 $\frac{1}{15}$이 ☐개입니다. $\frac{4}{15}+\frac{7}{15}$은 $\frac{1}{15}$이 ☐개입니다.

이것은 ☐입니다. 덧셈식으로 나타내면 $\frac{4}{15}+\frac{7}{15}=$ ☐입니다.

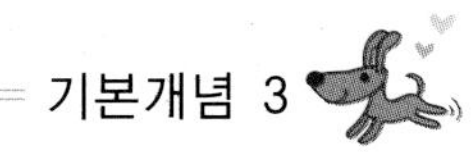

도전! 서술형!

민정이는 지점토로 인형을 만들고 있습니다. 강아지 인형을 만드는데 지점토의 $\frac{3}{7}$을 쓰고, 고양이 인형을 만드는데 지점토의 $\frac{2}{7}$를 썼습니다. 민정이가 쓴 지점토는 모두 얼마인지 구하는 방법을 설명하고 답을 쓰시오.

1 그림으로 나타내어 봅시다.

(　　　　　　　　　　　　　　　　　　　　　　　　　　　　　　)

2 글로 나타내어 봅시다.

실전! 서술형!

희원이는 3학년이 되어 공책 8권을 샀습니다. 1학기에 공책 3권을 썼고, 2학기에 공책 3권을 썼습니다. 희원이가 3학년 동안 쓴 공책은 모두 몇 권인지 구하는 방법을 설명하고 답을 쓰시오.

4. 분수 (기본개념 4)

개념 쏙쏙!

$\frac{4}{5}-\frac{2}{5}$를 구하는 방법을 설명하고 답을 쓰시오.

1 위의 문제를 실생활 문제로 바꾸면 다음과 같습니다.

냉장고에 우유 $\frac{4}{5}$컵이 있습니다. 민주는 우유 $\frac{2}{5}$컵을 먹었습니다. 남은 우유는 얼마인지 구하는 방법을 설명하고 답을 쓰시오.

2 그림으로 나타내어 봅시다.

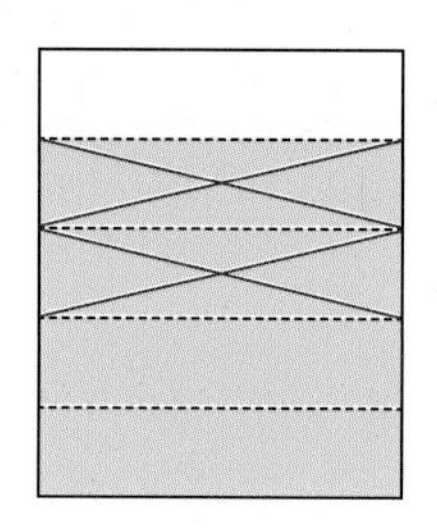

(남은 우유는 $\frac{1}{5}$이 2개이므로 $\frac{2}{5}$입니다.)

3 글로 나타내어 봅시다.

$\frac{4}{5}$는 $\frac{1}{5}$이 4개입니다.

$\frac{2}{5}$는 $\frac{1}{5}$이 2개입니다.

$\frac{4}{5}-\frac{2}{5}$는 $\frac{1}{5}$ 4개에서 $\frac{1}{5}$ 2개를 빼는 것이므로 $\frac{1}{5}$이 2개입니다.

따라서 $\frac{4}{5}-\frac{2}{5}$는 $\frac{2}{5}$입니다.

정리해 볼까요?

$\frac{4}{5}-\frac{2}{5}$를 구하는 방법을 설명하기

$\frac{4}{5}$는 $\frac{1}{5}$이 4개입니다. $\frac{2}{5}$는 $\frac{1}{5}$이 2개입니다. $\frac{4}{5}-\frac{2}{5}$는 $\frac{1}{5}$ 4개에서 $\frac{1}{5}$ 2개를 빼는 것이므로 $\frac{1}{5}$이 2개입니다. 이것은 $\frac{2}{5}$입니다. 뺄셈식으로 나타내면 $\frac{4}{5}-\frac{2}{5}=\frac{2}{5}$입니다.

첫걸음 가볍게!

지수네 집 냉장고에 주스가 $\frac{6}{7}$병 있습니다. 지수는 주스 $\frac{2}{7}$병을 마셨습니다. 남은 주스의 양은 얼마인지 구하는 방법을 설명하고 답을 쓰시오.

1 그림으로 나타내어 봅시다.

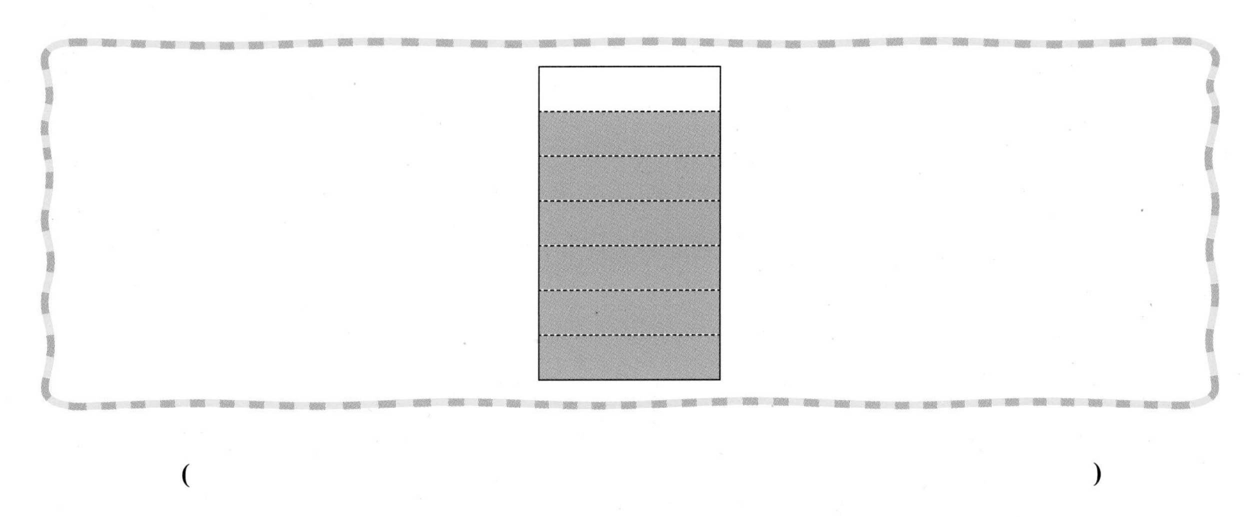

(　　　　　　　　　　　　　　　　　　　　　　　　　　　)

2 글로 나타내어 봅시다.

$\frac{6}{7}$은 [　　]이 [　]개입니다.

$\frac{2}{7}$는 [　　]이 [　]개입니다.

$\frac{6}{7}-\frac{2}{7}$는 $\frac{1}{7}$ 6개에서 $\frac{1}{7}$ 2개를 빼는 것이므로 $\frac{1}{7}$이 4개입니다.

따라서 $\frac{6}{7}-\frac{2}{7}$는 [　　]입니다.

3 $\frac{6}{7}-\frac{2}{7}$를 구하는 방법을 설명하고 답을 쓰시오.

$\frac{6}{7}$은 [　　]이 [　]개입니다. $\frac{2}{7}$는 [　　]이 [　]개입니다. $\frac{6}{7}-\frac{2}{7}$는 $\frac{1}{7}$ 6개에서 $\frac{1}{7}$ 2개를 빼는 것이므로 $\frac{1}{7}$이 4개입니다. 이것은 [　　]입니다. 뺄셈식으로 나타내면 $\frac{6}{7}-\frac{2}{7}=$ [　　]입니다.

한 걸음 두 걸음!

$\frac{12}{10}-\frac{7}{10}$의 계산방법을 설명하고 답을 쓰시오.

1 그림으로 나타내어 봅시다.

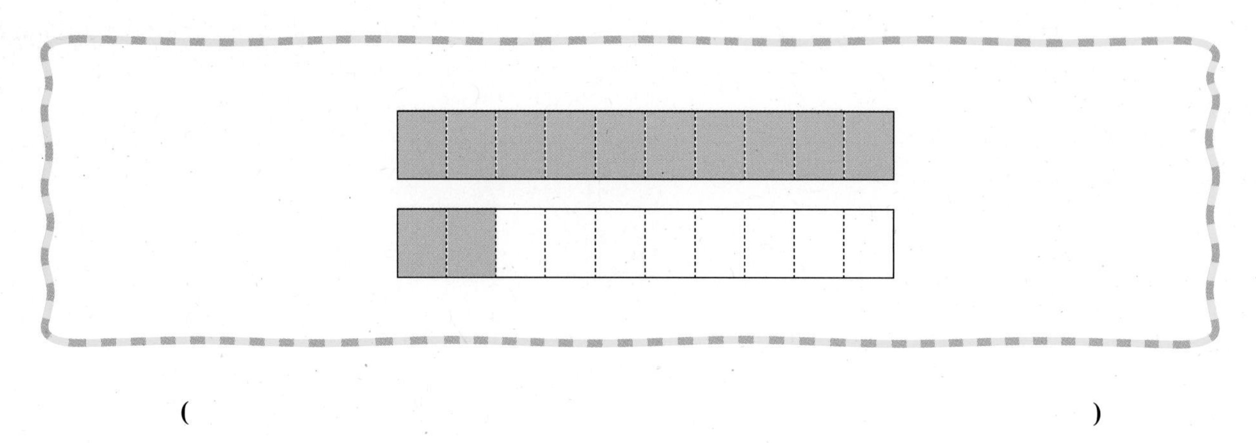

(　　　　　　　　　　　　　　　　　　　　)

2 글로 나타내어 봅시다.

$\frac{12}{10}$는 ______________________ 입니다.

$\frac{7}{10}$은 ______________________ 입니다.

$\frac{12}{10}-\frac{7}{10}$은 ______________________ 로 나타냅니다.

따라서 $\frac{12}{10}-\frac{7}{10}$은 ☐ 입니다.

3 $\frac{12}{10}-\frac{7}{10}$의 계산방법을 설명하고 답을 쓰시오.

$\frac{12}{10}$는 ☐이 ☐개입니다. $\frac{7}{10}$은 ☐이 ☐개입니다. $\frac{12}{10}-\frac{7}{10}$은 $\frac{1}{10}$ 12개에서 $\frac{1}{10}$ 7개를 빼는 것이므로 $\frac{1}{10}$이 5개입니다. 이것은 ☐입니다. 뺄셈식으로 나타내면 $\frac{12}{10}-\frac{7}{10}=$ ☐입니다.

도전! 서술형!

민호가 소설책을 읽고 있습니다. 어제까지 읽고 남은 부분은 $\frac{7}{8}$입니다. 오늘은 $\frac{3}{8}$을 읽었습니다. 소설책의 남은 부분은 얼마인지 구하는 방법을 설명하고 답을 쓰시오.

1 그림으로 나타내어 봅시다.

(   )

2 글로 나타내어 봅시다.

실전! 서술형!

희정이와 동생이 키를 재었습니다. 희정이의 키는 $\frac{13}{8}$m이었고 동생은 희정이보다 $\frac{3}{8}$m가 작았습니다. 동생의 키는 얼마인지 구하는 방법을 설명하고 답을 쓰시오.

창의성

Jumping Up! 창의성!

학종이 40장을 똑같은 수로 묶을 때 20장은 전체의 몇 분의 몇인지 분수로 표현하려고 합니다. 모둠별로 학종이를 다음과 같이 묶을 때 그림을 완성하고 분수로 나타내시오.

모둠	방법	그림 표현	분수 표현
1모둠	20장씩 묶기		40장을 20장씩 묶으면 20장은 2묶음 중의 1묶음이므로 $\frac{1}{2}$입니다.
2모둠	10장씩 묶기		40장을 10장씩 묶으면 20장은 □묶음 중의 □묶음이므로 □입니다.
3모둠	5장씩 묶기		40장을 5장씩 묶으면 20장은 □묶음 중의 □묶음이므로 □입니다.
4모둠	4장씩 묶기		40장을 4장씩 묶으면 20장은 □묶음 중의 □묶음이므로 □입니다.

나의 실력은?

1 현철이는 구슬 9개를 가지고 있습니다. 구슬의 $\frac{2}{3}$는 파란 색입니다. 현철이가 가진 파란 구슬은 모두 몇 개인지 설명하고 답을 쓰시오.

1) 그림으로 나타내기

2) 글로 설명하기

2 철호는 학예회 준비를 위해 풍선으로 교실을 꾸미고 있습니다. 풍선으로 꽃을 만들 때 풍선 4개가 필요하기 때문에 풍선 16개를 4개씩 모아두었습니다. 풍선 8개는 전체의 몇 분의 몇인지 분수로 나타내시오.

3 나연이는 찰흙으로 동물들을 만들고 있습니다. 강아지를 만드는데 찰흙 $\frac{3}{7}$을 썼고, 고양이를 만드는데 $\frac{2}{7}$를 썼습니다. 나연이가 사용한 찰흙의 양은 모두 얼마인지 설명하고 답을 쓰시오.

1) 그림으로 나타내기

2) 글로 설명하기

4 창범이는 강아지 집에 페인트칠을 하고 있습니다. 페인트가 $\frac{15}{20}$통 있었는데, 강아지 집에 그중에 $\frac{11}{20}$통을 사용하여 칠했습니다. 남은 페인트는 모두 얼마인지 설명하고 답을 쓰시오.

3-2

5. 들이와 무게

5. 들이와 무게 (기본개념 1)

개념 쏙쏙!

1L 900mL+2L 200mL를 구하는 방법을 설명하고 답을 쓰시오.

1 위의 문제를 실생활 문제로 바꾸면 다음과 같습니다.

현규와 성규는 음식 조리에 필요한 물을 준비하였습니다. 현규가 가져온 물은 1L 900mL이고, 성규가 가져온 물은 2L 200mL입니다. 두 사람이 준비한 물은 모두 얼마인지 구하는 방법을 설명하고 답을 쓰시오.

2 그림으로 나타내어 봅시다.

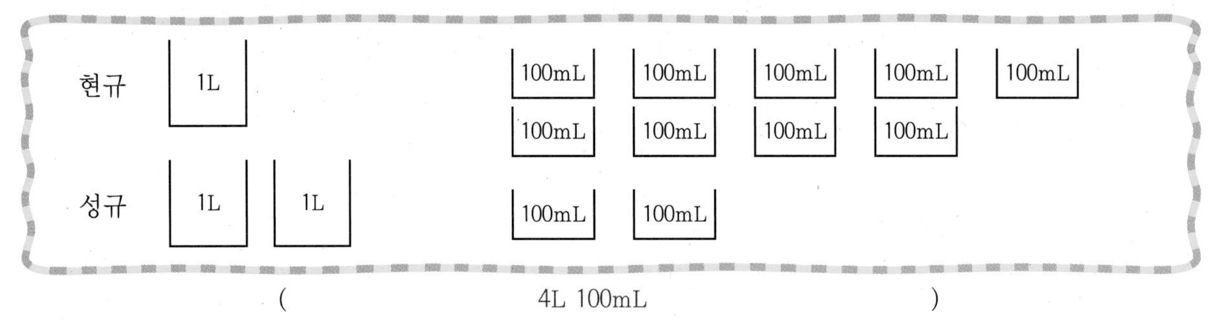

(4L 100mL)

3 덧셈식으로 나타내어 봅시다.

①

	1L	900mL
+	2L	200mL

② (받아올림 1)

	1L	900mL
+	2L	200mL
		100mL

③ (받아올림 1)

	1L	900mL
+	2L	200mL
	4L	100mL

4 단위를 mL로 바꾸어 덧셈식으로 나타내어 봅시다.

1L 900mL는 1900mL이고, 2L 200mL는 2200mL이므로 1900mL + 2200mL = 4100mL입니다. 이것을 L와 mL를 모두 사용하여 나타내면 4L 100mL입니다.

정리해 볼까요?

1L 900mL + 2L 200mL를 구하는 방법을 설명하기

자연수의 합을 구하는 방법에서 같은 자리끼리 더하는 것처럼 1L 900mL + 2L 200mL는 [L는 L끼리 더하여 3L]이고, [mL는 mL끼리 더하여 1100mL]입니다. 이때 mL끼리의 합이 1000mL보다 크기 때문에 1L=1000mL를 이용하여 [받아올림하여] 4L 100mL로 나타냅니다.

첫걸음 가볍게!

명수는 흰색 페인트 1L 550mL와 빨간색 페인트 1L 650mL를 섞어 분홍색 페인트를 만들었습니다. 명수가 만든 분홍색 페인트의 양은 얼마인지 구하는 방법을 설명하고 답을 쓰시오.

1 그림으로 나타내어 봅시다.

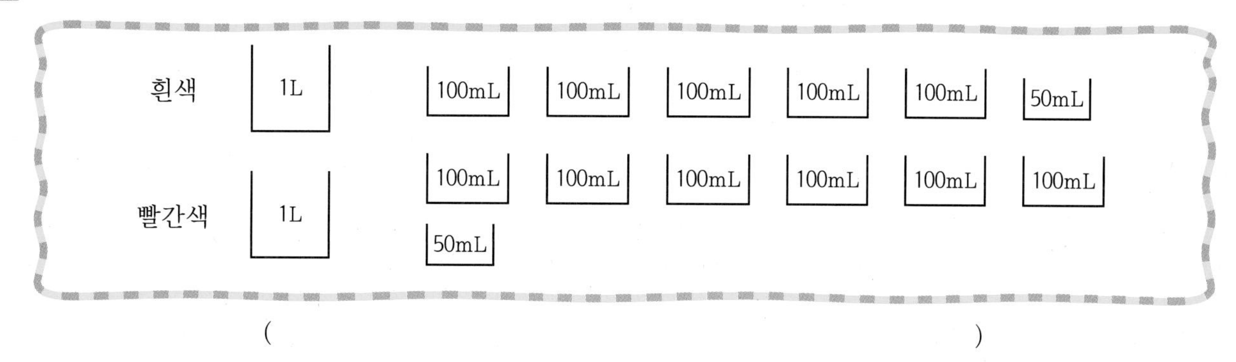

(　　　　　　　　　　　　　　　　　　　　　　)

2 덧셈식으로 나타내어 봅시다.

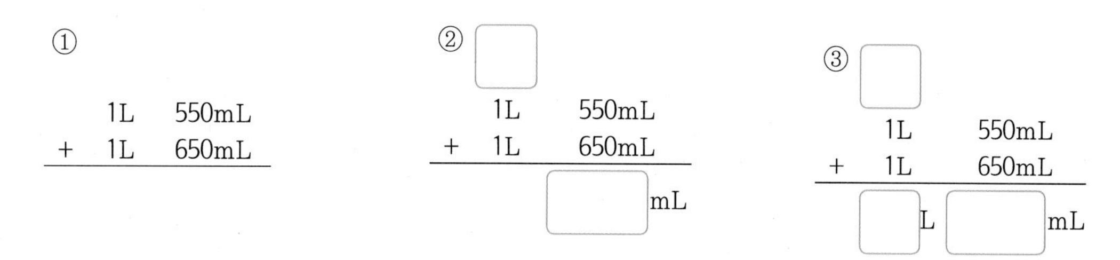

3 단위를 mL로 바꾸어 덧셈식으로 나타내어 봅시다.

1L 550mL는 □mL이고, 1L 650mL는 □mL이므로 □mL + □mL = □mL입니다. 이것을 L와 mL를 모두 사용하여 나타내면 □L □mL입니다.

4 1L 550mL + 1L 650mL를 구하는 방법을 설명하고 답을 쓰시오.

자연수의 합을 구하는 방법에서 같은 자리끼리 더하는 것처럼 1L 550mL + 1L 650mL는 ________ ________ □L이고, ________________ □mL입니다. 이때 mL끼리의 합이 1000mL보다 크기 때문에 1L=1000mL를 이용하여 받아올림하여 □L □mL로 나타냅니다.

한 걸음 두 걸음!

3L 800mL+5L 400mL의 계산방법을 설명하고 답을 쓰시오.

1 그림으로 나타내어 봅시다.

(　　　　　　　　　　　　　　　　　　　　　　　　)

2 덧셈식으로 나타내어 봅시다.

①

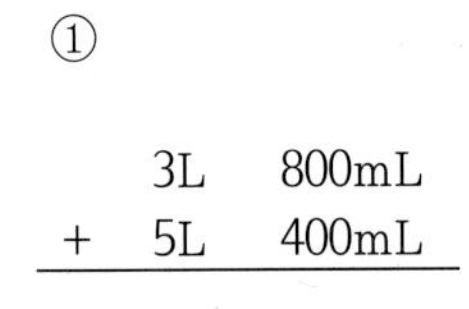

② □

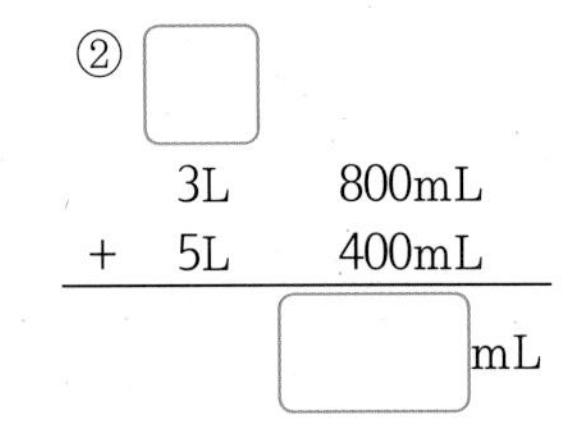

③ □

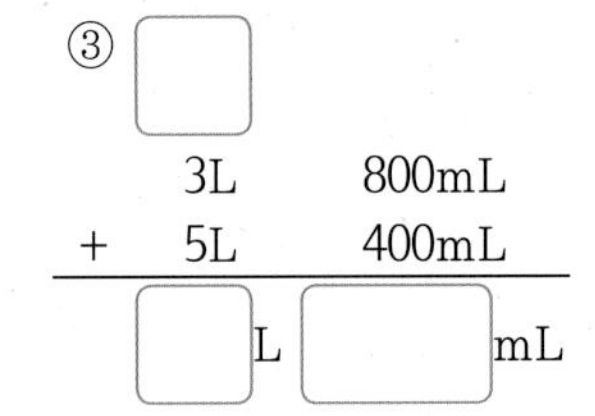

3 단위를 mL로 바꾸어 덧셈식으로 나타내어 봅시다.

3L 800mL는 □mL이고, 5L 400mL는 □mL이므로 ____________________ ____________입니다. 이것을 L와 mL를 모두 사용하여 나타내면 □L □mL입니다.

4 3L 800mL + 5L 400mL를 구하는 방법을 설명하고 답을 쓰시오.

자연수의 합을 구하는 방법에서 □끼리 더하는 것처럼 3L 800mL+5L 400mL는 __________ ________ □L이고, ____________ □mL입니다. 이때 mL끼리의 합이 □mL보다 크기 때문에 □L = □mL를 이용하여 받아올림하여 □L □mL로 나타냅니다.

 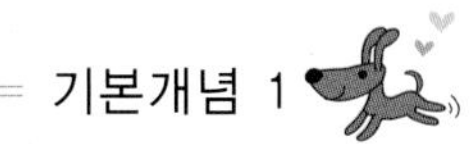

도전! 서술형!

진영이는 주전자에 물을 끓였습니다. 끓인 물을 물통에 옮겨 담으니 첫 번째 물통에 담은 물이 1L 800mL였고 두 번째 물통에 담은 물이 1L 700mL였습니다. 진영이가 주전자에 끓인 물의 양은 모두 얼마인지 구하는 방법을 설명하고 답을 쓰시오.

1 그림으로 나타내어 봅시다.

(　　　　　　　　　　　　　　　　　　　　　　　　　)

2 글로 나타내어 봅시다.

실전! 서술형!

용태는 어항에 물을 넣고 있습니다. 용태가 어항에 넣은 물은 1L 700mL이고 동생이 어항에 넣은 물은 1L 500mL입니다. 용태와 동생이 어항에 넣은 물의 양은 모두 얼마인지 구하는 방법을 설명하고 답을 쓰시오.

5. 들이와 무게 (기본개념 2)

개념 쏙쏙!

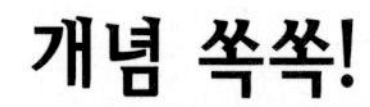

4L 400mL − 2L 500mL를 구하는 방법을 설명하고 답을 쓰시오.

1 위의 문제를 실생활 문제로 바꾸면 다음과 같습니다.

태경이는 물 4L 400mL를 가지고 있습니다. 그중에 2L 500mL를 사용하였습니다. 남은 물은 얼마인지 구하는 방법을 설명하고 답을 쓰시오.

2 그림으로 나타내어 봅시다.

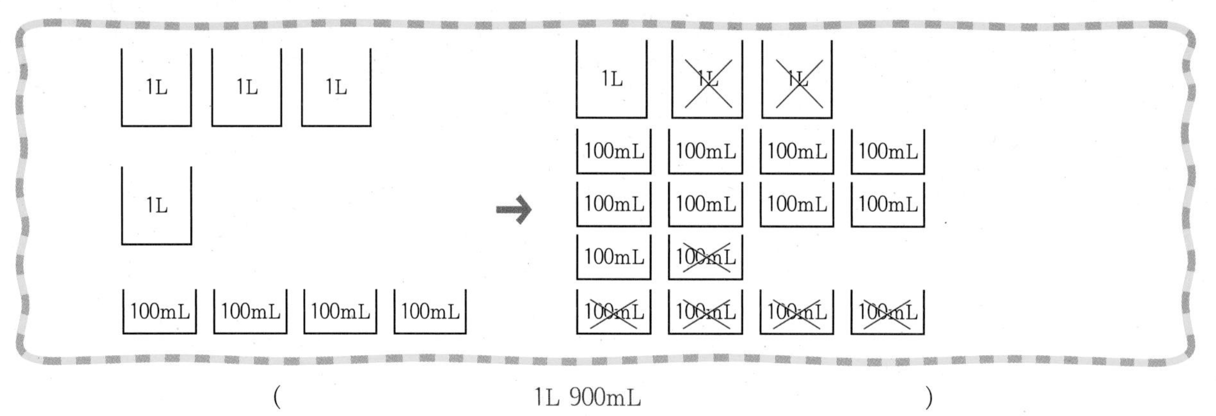

(1L 900mL)

3 뺄셈식으로 나타내어 봅시다.

① 4L 400mL − 2L 500mL

② (3, 1000) 4L 400mL − 2L 500mL = 900mL

③ (3, 1000) 4L 400mL − 2L 500mL = 1L 900mL

4 단위를 mL로 바꾸어 뺄셈식으로 나타내어 봅시다.

4L 400mL는 4400mL이고, 2L 500mL는 2500mL이므로 4400mL − 2500mL = 1900mL입니다. 이것을 L와 mL를 모두 사용하여 나타내면 1L 900mL입니다.

정리해 볼까요?

4L 400mL − 2L 500mL를 구하는 방법을 설명하기

자연수의 차를 구하는 방법에서 같은 자리끼리 빼는 것처럼 4L 400mL − 2L 200mL는 400mL에서 500mL를 빼 수 없기 때문에 4L에서 1L를 빌려와 1000mL로 바꾼 후 500mL를 뺍니다. 그리고 남은 3L에서 2L를 뺍니다. 남은 두 수를 모두 쓰면 1L 900mL입니다.

첫걸음 가볍게!

종원이네 집 냉장고에 우유가 3L 100mL 있습니다. 종원이는 오늘 우유를 1L 200mL 마셨습니다. 남은 우유의 양은 얼마인지 구하는 방법을 설명하고 답을 쓰시오.

1 그림으로 나타내어 봅시다.

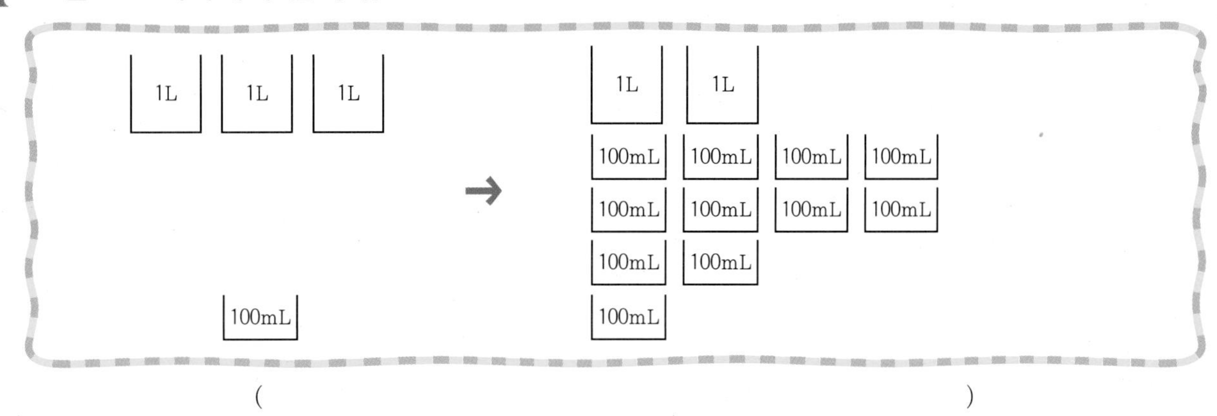

(　　　　　　　　　　　　　　)

2 뺄셈식으로 나타내어 봅시다.

①

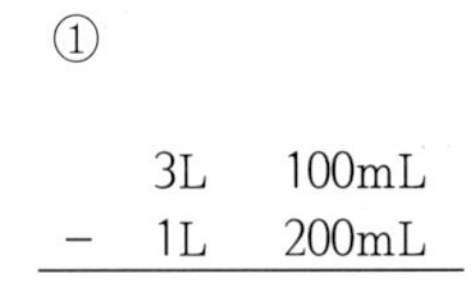

	3L	100mL
−	1L	200mL

② □ □

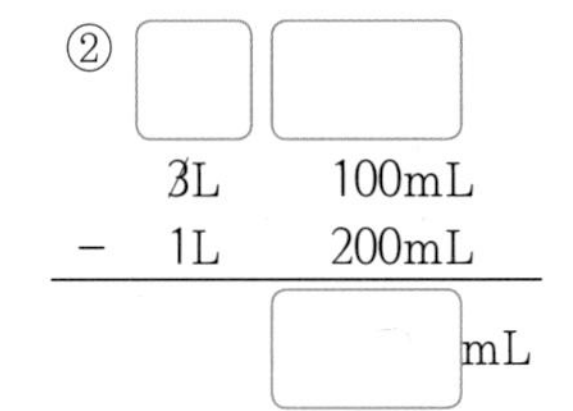

	3L	100mL
−	1L	200mL
		□mL

③ □ □

	3L	100mL
−	1L	200mL
	□L	□mL

3 단위를 mL로 바꾸어 뺄셈식으로 나타내어 봅시다.

3L 100mL는 □mL이고, 1L 200mL는 □mL이므로 □mL − □mL = □mL 입니다. 이것을 L와 mL를 모두 사용하여 나타내면 □L □mL입니다.

4 3L 100mL − 1L 200mL를 구하는 방법을 설명하고 답을 쓰시오.

자연수의 차를 구하는 방법에서 같은 자리끼리 빼는 것처럼, 3L 100mL − 1L 200mL는 100mL에서 200mL를 □ □mL로 바꾼 후 200mL를 뺍니다. 그리고 남은 □L에서 □L를 뺍니다. 남은 두 수를 모두 쓰면 □L □mL입니다.

한 걸음 두 걸음!

9L 300mL − 5L 600mL의 계산방법을 설명하고 답을 쓰시오.

1 그림으로 나타내어 봅시다.

(　　　　　　　　　　　　　　　　　)

2 뺄셈식으로 나타내어 봅시다.

①

	9L	300mL
−	5L	600mL

② □ □

	9L	300mL
−	5L	600mL
		□mL

③ □ □

	9L	300mL
−	5L	600mL
	□L	□mL

3 단위를 mL로 바꾸어 뺄셈식으로 나타내어 봅시다.

9L 300mL는 □mL이고, 5L 600mL는 □mL이므로 ________________ ________________입니다. 이것을 L와 mL를 모두 사용하여 나타내면 □L □mL입니다.

4 9L 300mL − 5L 600mL를 구하는 방법을 설명하고 답을 쓰시오.

자연수의 차를 구하는 방법에서 □끼리 빼는 것처럼 9L 300mL − 5L 600mL는 300mL에서 600mL를 □ □mL로 바꾼 후 600mL를 뺍니다. 그리고 남은 □L에서 □L를 뺍니다. 남은 두 수를 모두 쓰면 □L □mL입니다.

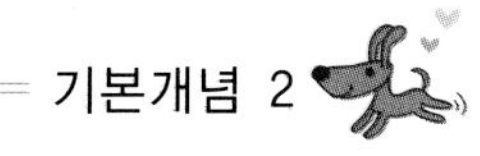

도전! 서술형!

민아가 화분에 물을 주고 있습니다. 4L 200mL가 들어 있는 물뿌리개에서 2L 500mL의 물을 화분에 뿌렸습니다. 물뿌리개에 남아있는 물은 얼마인지 구하는 방법을 설명하고 답을 쓰시오.

1 그림으로 나타내어 봅시다.

(　　　　　　　　　　　　　　　　　　　　)

2 글로 나타내어 봅시다.

실전! 서술형!

집에 5L의 간장이 있었습니다. 이번 주에 어머니께서 요리를 하시며 1L 700mL의 간장을 사용했습니다. 남아 있는 간장의 양은 얼마인지 구하는 방법을 설명하고 답을 쓰시오.

5. 들이와 무게 (기본개념 3)

개념 쏙쏙!

2kg 700g + 1kg 600g을 구하는 방법을 설명하고 답을 쓰시오.

1 위의 문제를 실생활 문제로 바꾸면 다음과 같습니다.

준하와 동하는 사과를 땄습니다. 준하는 2kg 700g의 사과를 땄고 동하는 1kg 600g의 사과를 땄습니다. 두 사람이 딴 사과는 모두 얼마인지 구하는 방법을 설명하고 답을 쓰시오.

2 그림으로 나타내어 봅시다.

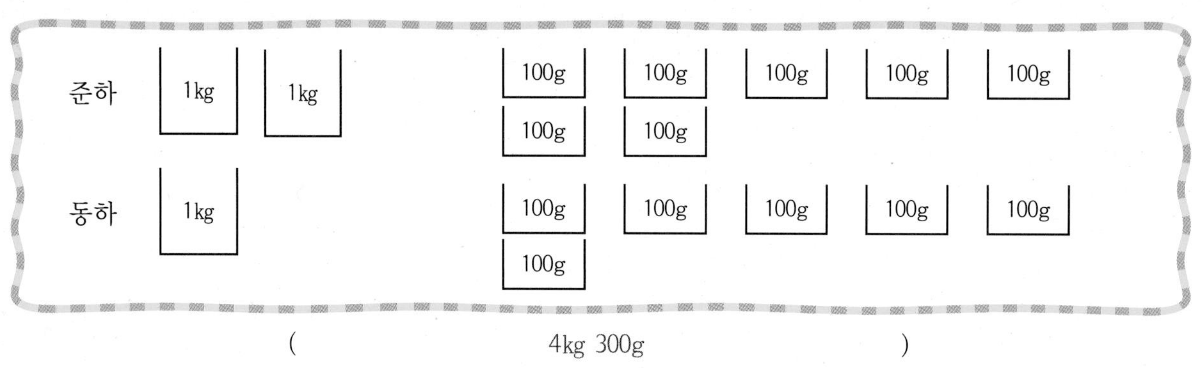

(4kg 300g)

3 덧셈식으로 나타내어 봅시다.

①

```
   2kg  700g
+  1kg  600g
-----------
```

②

```
   1
   2kg  700g
+  1kg  600g
-----------
        300g
```

③

```
   1
   2kg  700g
+  1kg  600g
-----------
   4kg  300g
```

4 단위를 g으로 바꾸어 덧셈식으로 나타내어 봅시다.

2kg 700g은 2700g이고, 1kg 600g은 1600g이므로 2700g + 1600g = 4300g입니다. 이것을 kg과 g을 모두 사용하여 나타내면 4kg 300g입니다.

정리해 볼까요?

2kg 700g + 1kg 600g을 구하는 방법을 설명하기

자연수의 합을 구하는 방법에서 같은 자리끼리 더하는 것처럼, 2kg 700g + 1kg 600g은 kg은 kg끼리 더하여 3kg이고, g은 g끼리 더하여 1300g입니다. 이때 g끼리의 합이 1000g보다 크기 때문에 1kg=1000g을 이용하여 받아올림하여 4kg 300g으로 나타냅니다.

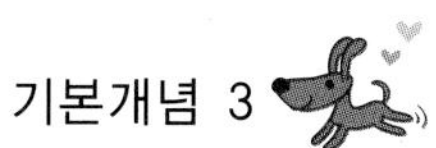

첫걸음 가볍게!

어머니께서 과일을 사고 있습니다. 수박 1개의 무게는 3kg 600g이고 참외 4개는 1kg 600g입니다. 어머니께서 산 과일의 무게는 얼마인지 구하는 방법을 설명하고 답을 쓰시오.

1 그림으로 나타내어 봅시다.

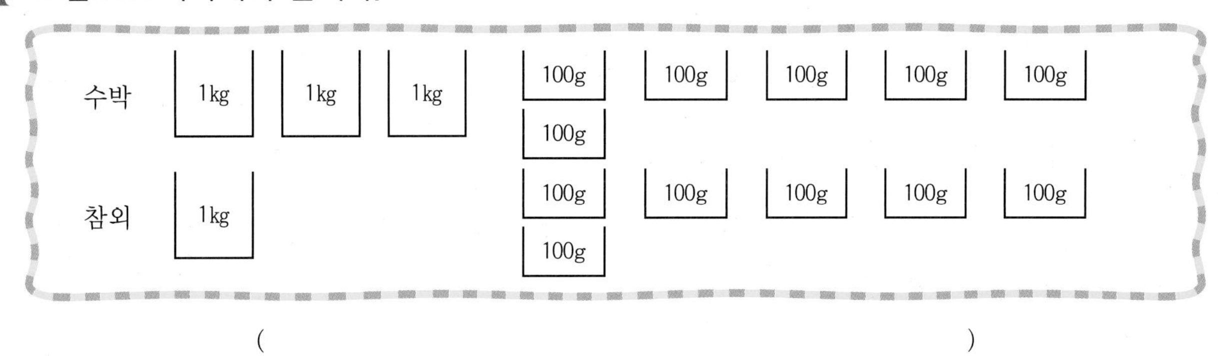

( )

2 덧셈식으로 나타내어 봅시다.

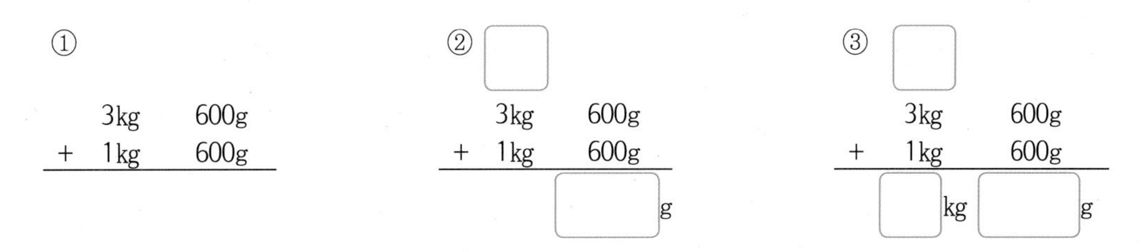

3 단위를 g으로 바꾸어 덧셈식으로 나타내어 봅시다.

3kg 600g은 ☐g이고, 1kg 600g은 ☐g이므로 ☐g + ☐g = ☐g입니다.

이것을 kg과 g을 모두 사용하여 나타내면 ☐kg ☐g입니다.

4 3kg 600g + 1kg 600g을 구하는 방법을 설명하고 답을 쓰시오.

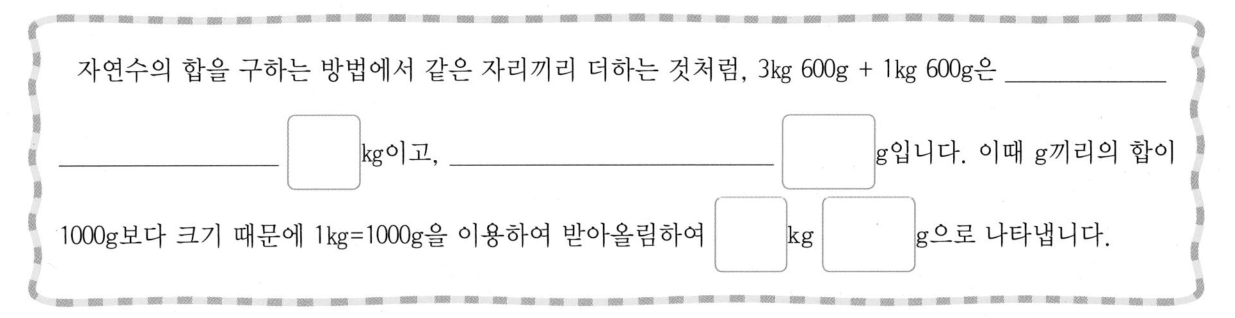

기본개념 3

3kg 450g + 8kg 650g의 계산방법을 설명하고 답을 쓰시오.

1 그림으로 나타내어 봅시다.

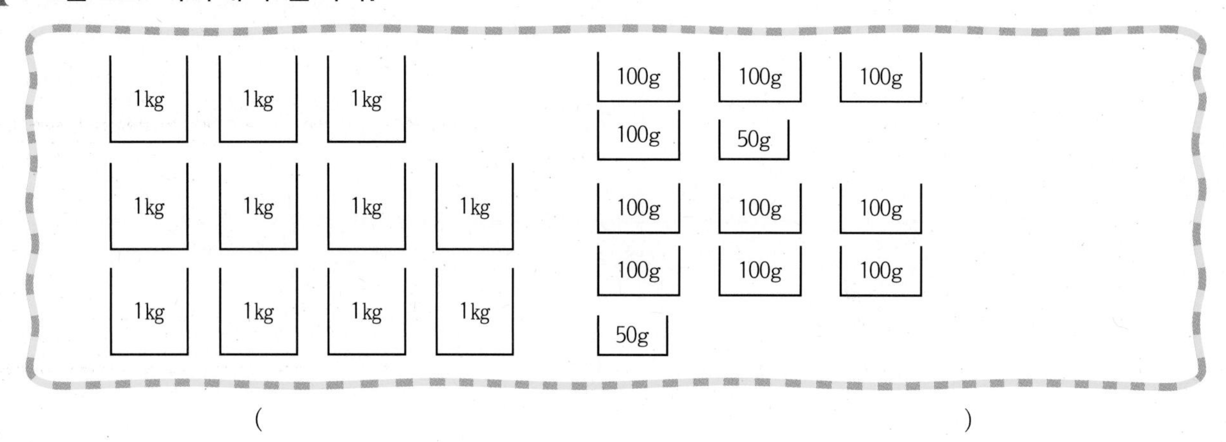

(　　　　　　　　　　　　　　　　　　　　　)

2 덧셈식으로 나타내어 봅시다.

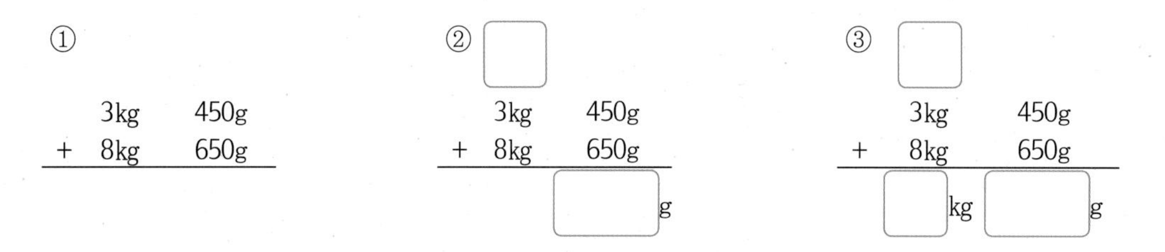

3 단위를 g으로 바꾸어 덧셈식으로 나타내어 봅시다.

3kg 450g은 ☐g이고, 8kg 650g은 ☐g이므로 ____________________입니다.

이것을 kg과 g을 모두 사용하여 나타내면 ☐kg ☐g입니다.

4 3kg 450g + 8kg 650g을 구하는 방법을 설명하고 답을 쓰시오.

자연수의 합을 구하는 방법에서 같은 자리끼리 더하는 것처럼, 3kg 450g + 8kg 650g은 ____________ ____________이고, ____________________입니다. 이때 g끼리의 합이 1000g보다 크기 때문에 1kg=1000g을 이용하여 받아올림하여 ☐kg ☐g으로 나타냅니다.

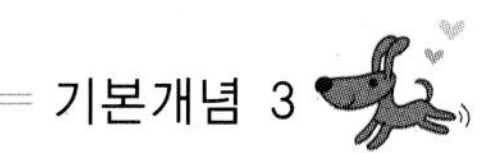

도전! 서술형!

재우의 책가방 무게는 1kg 200g입니다. 책가방에 넣어놓은 책의 무게는 3kg 800g입니다. 재우가 책을 넣은 책가방의 무게는 얼마인지 구하는 방법을 설명하고 답을 쓰시오.

1 그림으로 나타내어 봅시다.

(　　　　　　　　　　　　　　　　　　　　　　)

2 글로 나타내어 봅시다.

실전! 서술형!

민희와 동생이 몸무게를 재었습니다. 동생의 몸무게는 23kg 800g이고 민희는 동생보다 7kg 500g이 더 무겁습니다. 민희의 몸무게는 얼마인지 구하는 방법을 설명하고 답을 쓰시오.

5. 들이와 무게 (오류유형 1)

개념 쏙쏙!

아래 계산 과정을 보고 잘못된 점을 설명하고 바르게 계산하시오.

$$\begin{array}{r} 5\text{kg}\ \ 200\text{g} \\ -\ 2\text{kg}\ \ 500\text{g} \\ \hline 3\text{kg}\ \ 300\text{g} \end{array}$$

1 계산과정을 그림으로 나타내어 봅시다.

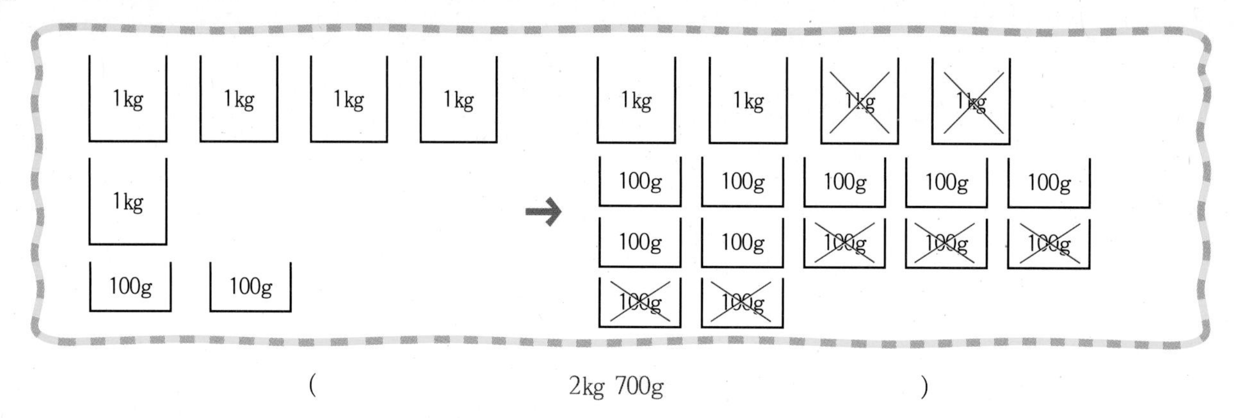

(2kg 700g)

2 차례대로 계산해 보며 잘못된 점을 설명해 봅시다.

①

$$\begin{array}{r} 5\text{kg}\ \ 200\text{g} \\ -\ 2\text{kg}\ \ 500\text{g} \\ \hline 3\text{kg}\ \ 300\text{g} \end{array}$$

②

$$\begin{array}{r} \overset{4}{\cancel{5}}\text{kg}\ \ \overset{1000}{200}\text{g} \\ -\ 2\text{kg}\ \ 500\text{g} \\ \hline 700\text{g} \end{array}$$

③

$$\begin{array}{r} \overset{4}{\cancel{5}}\text{kg}\ \ \overset{1000}{200}\text{g} \\ -\ 2\text{kg}\ \ 500\text{g} \\ \hline 2\text{kg}\ \ 700\text{g} \end{array}$$

200g에서 500g을 뺄 수 없기 때문에 [1kg=1000g임을 이용하여] 받아내림 합니다. 그 다음에 kg은 kg끼리, g은 g끼리 뺍니다. 남은 것은 2kg 700g입니다.

정리해 볼까요?

계산과정의 잘못된 점을 설명하기

$$\begin{array}{r} 5\text{kg}\ \ 200\text{g} \\ -\ 2\text{kg}\ \ 500\text{g} \\ \hline 3\text{kg}\ \ 300\text{g} \end{array} \rightarrow \begin{array}{r} \overset{4}{\cancel{5}}\text{kg}\ \ \overset{1000}{200}\text{g} \\ -\ 2\text{kg}\ \ 500\text{g} \\ \hline 2\text{kg}\ \ 700\text{g} \end{array}$$

5kg 200g − 2kg 500g은 200g에서 500g을 뺄 수 없기 때문에 5kg에서 [1kg을 빌려와] 1000g으로 받아내림한 후 500g을 뺍니다. 그리고 남은 4kg에서 2kg을 뺍니다. 남은 두 수를 모두 쓰면 2kg 700g입니다.

첫걸음 가볍게!

아래 계산 과정을 보고 잘못된 점을 설명하고 바르게 계산하시오.

	3kg	100g
−	1kg	700g
	2kg	600g

1 그림으로 나타내어 봅시다.

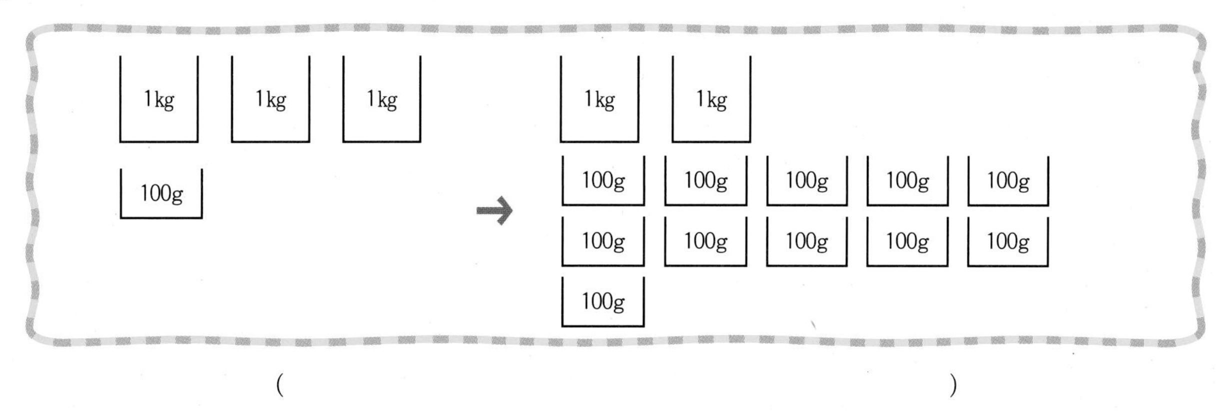

( )

2 차례대로 계산해 보며 잘못된 점을 설명해 봅시다.

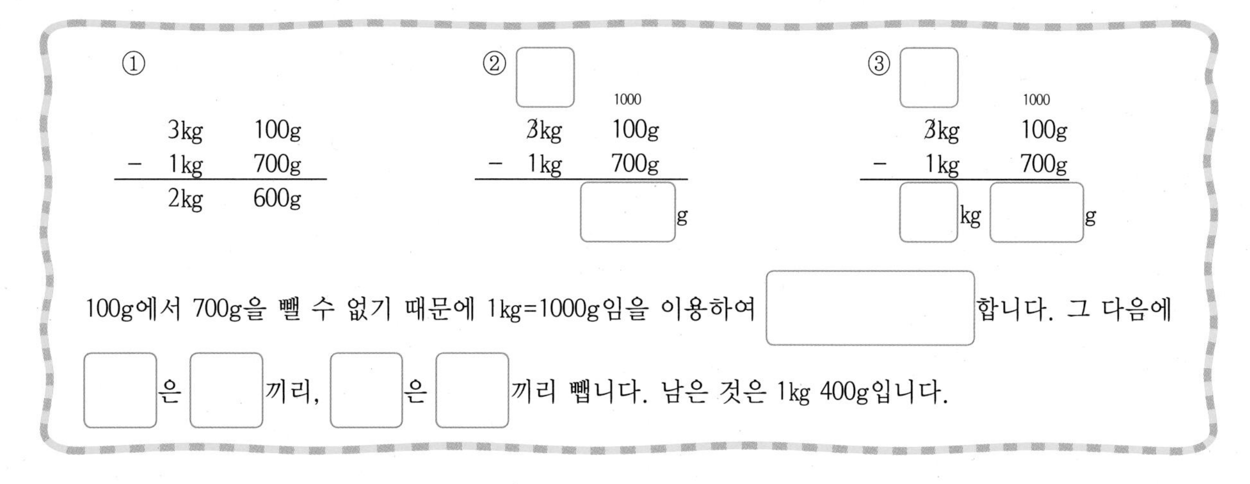

3 계산과정의 잘못된 점을 설명해 봅시다.

	3kg	100g			2 3kg	1000 100g
−	1kg	700g	→	−	1kg	700g
	3kg	600g			1kg	400g

3kg 100g − 1kg 700g은 100g에서 700g을 뺄 수 없기 때문에 3kg에서 ________ 1000g으로 [ ] 한 후 700g을 뺍니다. 그리고 남은 2kg에서 1kg을 뺍니다. 남은 두 수를 모두 쓰면 1kg 400g입니다.

오류유형 1

한 걸음 두 걸음! 

아래 계산 과정을 보고 잘못된 점을 설명하고 바르게 계산하시오.

$$\begin{array}{rrr} & 4\text{kg} & \\ - & 2\text{kg} & 500\text{g} \\ \hline & 2\text{kg} & 500\text{g} \end{array}$$

1 그림으로 나타내어 봅시다.

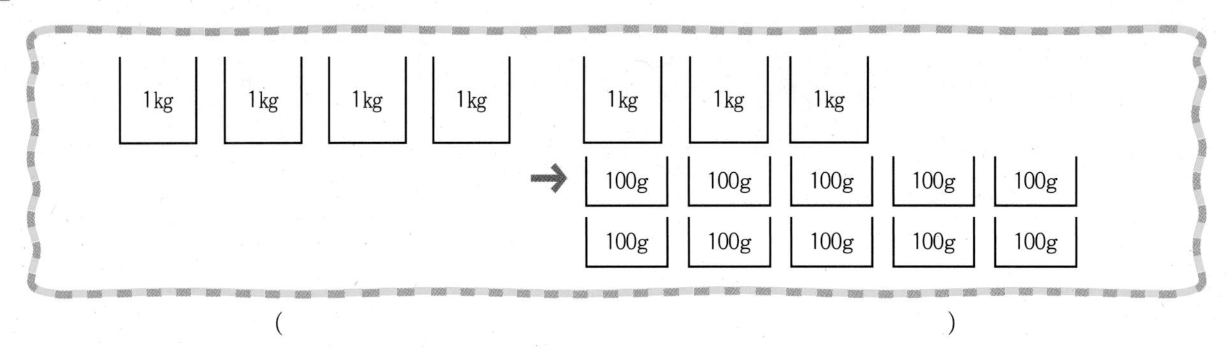

(   )

2 차례대로 계산해 보며 잘못된 점을 설명해 봅시다.

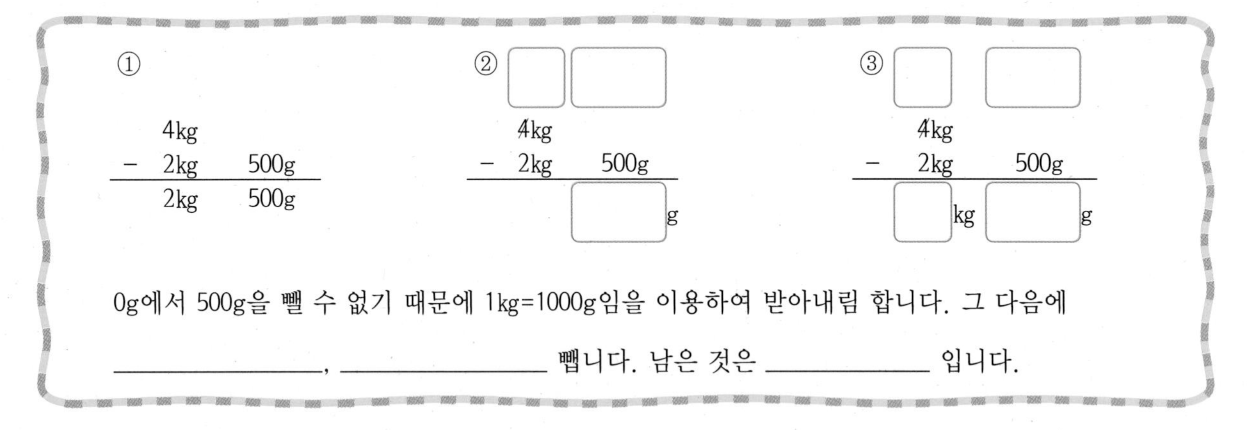

①

$$\begin{array}{rrr} & 4\text{kg} & \\ - & 2\text{kg} & 500\text{g} \\ \hline & 2\text{kg} & 500\text{g} \end{array}$$

② □ □

$$\begin{array}{rrr} & \not{4}\text{kg} & \\ - & 2\text{kg} & 500\text{g} \\ \hline & & \square\text{g} \end{array}$$

③ □ □

$$\begin{array}{rrr} & \not{4}\text{kg} & \\ - & 2\text{kg} & 500\text{g} \\ \hline & \square\text{kg} & \square\text{g} \end{array}$$

0g에서 500g을 뺄 수 없기 때문에 1kg=1000g임을 이용하여 받아내림 합니다. 그 다음에

______________, ______________ 뺍니다. 남은 것은 ____________ 입니다.

3 계산과정의 잘못된 점을 설명해 봅시다.

$$\begin{array}{rrr} & 4\text{kg} & \\ - & 2\text{kg} & 500\text{g} \\ \hline & 2\text{kg} & 500\text{g} \end{array} \rightarrow \begin{array}{rrr} & \overset{3}{\not{4}}\text{kg} & \overset{1000}{} \\ - & 2\text{kg} & 500\text{g} \\ \hline & 1\text{kg} & 500\text{g} \end{array}$$

4kg − 1kg 500g 은 0g에서 500g을 뺄 수 없기 때문에 ______________________ 1000g으로 __________

______ 한 후 500g을 뺍니다. 그리고 남은 3kg에서 2kg를 뺍니다. 남은 두 수를 모두 쓰면 1kg 500g입니다.

도전! 서술형!

아래 계산 과정을 보고 잘못된 점을 설명하고 바르게 계산하시오.

	3kg	300g
−	2kg	500g
	1kg	200g

1 그림으로 나타내어 봅시다.

(　　　　　　　　　　　　　　　　　　　　　　　　　　　　)

2 글로 나타내어 봅시다.

실전! 서술형!

아래 계산 과정을 보고 잘못된 점을 설명하고 바르게 계산하시오.

	7kg	600g
−	5kg	800g
	2kg	200g

Jumping Up! 창의성! 

1 5L짜리 물통과 7L짜리 물통이 각각 한 개씩 있습니다. 두 물통을 이용하여 4L의 물을 측정하는 방법을 설명하시오.

7L 물통에 물을 가득 담은 다음 5L 물통에 물을 붓습니다.

7L 물통에는 ☐L의 물이 남습니다.

5L 물통의 물을 버립니다.

7L 물통에 있는 ☐L의 물을 5L 물통에 담습니다.

7L 물통에 물을 가득 담은 다음 5L 물통의 남은 부분에 ☐L의 물을 붓습니다.

7L 물통에는 ☐L의 물이 남아 있습니다.

2 **1**번의 방법을 반복하여 6L의 물을 측정하는 방법을 설명하시오.

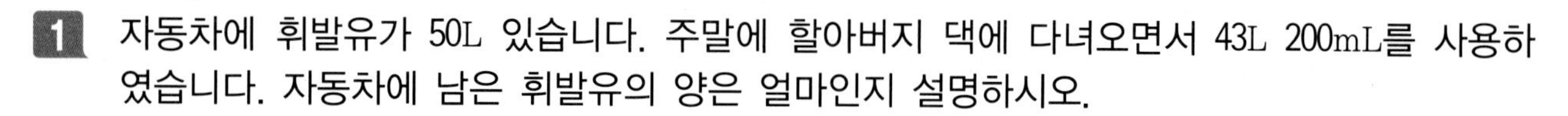

나의 실력은?

1 자동차에 휘발유가 50L 있습니다. 주말에 할아버지 댁에 다녀오면서 43L 200mL를 사용하였습니다. 자동차에 남은 휘발유의 양은 얼마인지 설명하시오.

1) 뺄셈식으로 나타내기

2) 글로 설명하기

3) 단위를 mL로 바꾸어 계산하기

2 지금 자동차에 휘발유가 6L 750mL가 있습니다. 다음 주에 자동차를 사용하기 위해 휘발유를 25L 600mL를 더 넣었습니다. 자동차에 들어있는 휘발유의 양은 얼마입니까?

3 효주는 동생과 함께 복숭아를 땄습니다. 효주가 딴 복숭아는 4kg 500g이고 동생이 딴 복숭아는 3kg 600g입니다. 두 사람이 딴 복숭아는 모두 얼마인지 쓰시오.

4 효주는 동생과 복숭아 8kg 100g를 수확했습니다. 수확한 복숭아 중에서 1kg 300g을 동생과 함께 먹었습니다. 남은 복숭아의 양을 구하기 위해 다음과 같이 계산하였습니다. 잘못된 점을 적고 바르게 계산하시오.

$$\begin{array}{rrr} & 8\text{kg} & 100\text{g} \\ - & 1\text{kg} & 300\text{g} \\ \hline & 7\text{kg} & 200\text{g} \end{array}$$

3-2

6. 자료의 정리

6. 자료의 정리 (오류유형 1)

개념 쏙쏙!

기호는 3학년 친구들이 좋아하는 현장체험학습 장소를 조사하였습니다. 다음은 좋아하는 현장체험학습 장소별 학생 수를 조사한 표를 그림그래프로 나타낸 것입니다. 잘못된 점을 설명하고 그림그래프를 바르게 나타내시오.

장소	스케이트장	수영장	박물관	자연휴양림
학생 수(명)	22	17	20	13

장소	학생 수
스케이트장	
수영장	
박물관	
자연휴양림	

1 그림그래프에서 그림이 의미하는 것이 무엇인지 써 봅시다.

(큰 그림)	학생 (10)명
(작은 그림)	학생 (1)명

2 잘못된 점을 설명해 봅시다.

그림그래프에서 큰 그림은 학생 10명 을 나타내고 작은 그림은 학생 1명 을 나타냅니다. 박물관을 좋아하는 학생은 20명인데 1명을 뜻하는 작은 그림 2개로 나타내었습니다.

정리해 볼까요?

그림그래프를 그릴 때 잘못된 점을 설명하기

박물관을 좋아하는 학생

그림그래프에서 큰 그림은 학생 10명 을 나타내고 작은 그림은 학생 1명 을 나타냅니다. 따라서 박물관을 좋아하는 학생 20명을 나타낼 때에는 10명을 뜻하는 큰 그림 2개를 그려서 나타냅니다.

첫걸음 가볍게!

미희는 2학기에 친구들이 분야별로 읽은 책의 수를 조사하였습니다. 다음은 분야별로 읽은 책의 수를 조사한 표를 그림그래프로 나타낸 것입니다. 잘못된 점을 설명하고 그림그래프를 바르게 나타내시오.

분야	순수과학	문학	역사	기타
읽은 책(권)	190	240	220	320

분야	읽은 책(권)
순수과학	
문학	
역사	
기타	

1 그림그래프에서 그림이 의미하는 것이 무엇인지 써 봅시다.

	책 (　　)권		책 (　　)권

2 잘못된 점을 설명해 봅시다.

그림그래프에서 큰 그림은 책 ☐ 권을 나타내고 작은 그림은 책 ☐ 권을 나타냅니다. 학생들이 읽은 문학책은 240권인데 100권을 뜻하는 큰 그림 ☐ 개로 그려서 책 ☐ 권을 나타냈습니다.

3 잘못된 점을 설명하고 그림그래프를 바르게 나타내시오.

학생들이 읽은 문학책

그림그래프에서 ________은 책 ☐ 권을 나타내고 ________은 책 ☐ 권을 나타냅니다. 따라서 학생들이 읽은 문학책 240권을 나타낼 때에는 100권을 뜻하는 큰 그림 ☐ 개와 10권을 뜻하는 작은 그림 ☐ 개를 그려서 나타냅니다.

오류유형 1

한 걸음 두 걸음!

유라는 일주일 동안 친구들의 운동 시간을 조사하였습니다. 다음은 운동 시간을 조사한 표를 그림그래프로 나타낸 것입니다. 잘못된 점을 설명하고 그림그래프를 바르게 나타내시오.

운동시간	0~1시간	1시간~2시간	2시간~3시간	4시간~
학생 수(명)	14	22	17	25

운동시간	학생 수(명)
0~1시간	(큰 그림 4개, 작은 그림 1개)
1시간~2시간	(큰 그림 2개, 작은 그림 2개)
2시간~3시간	(큰 그림 1개, 작은 그림 7개)
4시간~	(큰 그림 2개, 작은 그림 5개)

1 그림그래프에서 그림이 의미하는 것이 무엇인지 써 봅시다.

(큰 그림)	학생 (　　)명	(작은 그림)	학생 (　　)명

2 잘못된 점을 설명해 봅시다.

그림그래프에서 ______________을 나타내고 ______________을 나타냅니다. 0~1시간 동안 운동한 학생은 10명을 뜻하는 큰 그림 [ ]개와 1명을 뜻하는 작은 그림 [ ]개로 학생 [ ]명을 나타냅니다.

3 잘못된 점을 설명하고 그림그래프를 바르게 나타내시오.

0~1시간

(큰 그림 4개, 작은 그림 1개)

↓

[ ]

그림그래프에서 ______________을 나타내고 ______________을 나타냅니다. 따라서 0~1시간을 운동한 학생 14명을 나타낼 때에는 10명을 뜻하는 큰 그림 [ ]개와 1명을 뜻하는 작은 그림 [ ]개를 그려서 나타냅니다.

도전! 서술형!

현경이는 집에서 기르는 다람쥐가 이번 주에 먹은 도토리를 세어 보았습니다. 다음은 다람쥐가 먹은 도토리를 조사한 표를 그림그래프로 나타낸 것입니다. 잘못된 점을 설명하고 그림그래프를 바르게 나타내시오.

다람쥐	키키	토토	미미	비비
도토리(개)	28	22	19	24

다람쥐	도토리(개)
키키	
토토	
미미	
비비	

1 그림그래프에서 그림이 의미하는 것이 무엇인지 써 봅시다.

2 잘못된 점을 글로 나타내어 봅시다.

3 잘못된 점을 설명하고 그림그래프를 바르게 나타내시오.

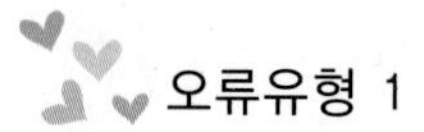

오류유형 1

실전! 서술형!

미소는 이웃 마을의 복숭아 생산량을 조사하였습니다. 다음은 조사한 표를 그림그래프로 나타낸 것입니다. 잘못된 점을 설명하고 그림그래프를 바르게 나타내시오.

마을	별빛마을	머루마을	달빛마을	다래마을
복숭아(상자)	280	320	240	340

마을	복숭아(상자)
별빛마을	
머루마을	
달빛마을	
다래마을	

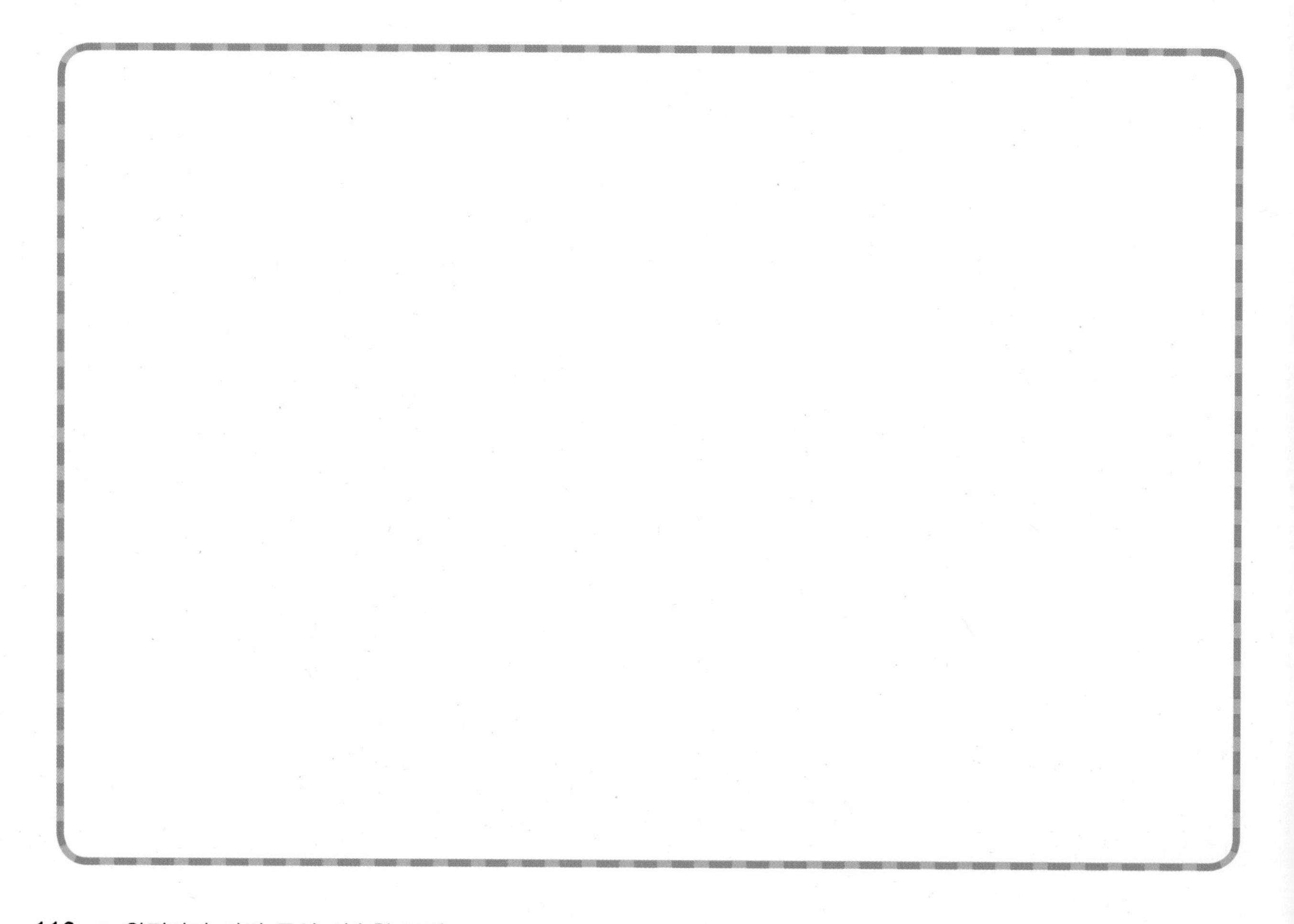

6. 자료의 정리(기본개념 1)

개념 쏙쏙!

규칙을 찾아 다섯 번째 칸에 들어갈 무늬를 그리고 설명하시오.

첫 번째	두 번째	세 번째	네 번째	다섯 번째
●	●●●●	●●●●●●●●●	●●●●●●●●●●●●●●●●	

1 그림으로 나타내어 봅시다.

2 수와 식으로 나타내어 봅시다.

	첫 번째 칸	두 번째 칸	세 번째 칸	네 번째 칸	다섯 번째 칸
수	1	4	9	16	25
식	1	1+2+1	1+2+3+2+1	1+2+3+4+3+2+1	1+2+3+4+5+4+3+2+1

정리해 볼까요?

각 칸의 규칙을 사용하여 수와 식으로 나타내기

●의 수는 첫 번째 칸에서는 1, 두 번째 칸에서는 1+2+1, 세 번째 칸에서는 1+2+3+2+1, 네 번째 칸에서는 1+2+3+4+3+2+1이므로 [다섯] 번째 칸은 1부터 [5]까지 차례대로 더하고 다시 1까지 차례대로 더하여 구합니다. 즉 다섯 번째 칸에서는 1+2+3+4+5+4+3+2+1로 늘어납니다.

기본개념 1

첫걸음 가볍게!

규칙을 찾아 다섯 번째 칸에 들어갈 무늬를 그리고 설명하시오.

첫 번째	두 번째	세 번째	네 번째	다섯 번째
● ●	● ● ● ●	● ● ● ● ● ●	● ● ● ● ● ● ● ●	

1 그림으로 나타내어 봅시다.

2 수와 식으로 나타내어 봅시다.

	첫 번째 칸	두 번째 칸	세 번째 칸	네 번째 칸	다섯 번째 칸
수	2	4	6	8	
식	2	2+2	2+2+2	2+2+2+2	

3 규칙을 사용하여 수와 식으로 나타내어 봅시다.

●의 수는 첫 번째 칸에서는 2, 두 번째 칸에서는 2+2, 세 번째 칸에서는 2+2+2, 네 번째 칸에서는 2+2+2+2 이므로 다섯 번째 칸은 [ ]를 [ ]번 더하여 구합니다. 즉 다섯 번째 칸에서는 [ ]로 늘어납니다.

한 걸음 두 걸음!

규칙을 찾아 다섯 번째 칸에 들어갈 무늬를 그리고 설명하시오.

첫 번째	두 번째	세 번째	네 번째	다섯 번째
●	●● ●●	●●● ●●● ●●●	●●●● ●●●● ●●●● ●●●●	

1 그림으로 나타내어 봅시다.

2 수와 식으로 나타내어 봅시다.

	첫 번째 칸	두 번째 칸	세 번째 칸	네 번째 칸	다섯 번째 칸
수	1	4	9	16	
식	1×1	2×2	3×3	4×4	

3 규칙을 사용하여 수와 식으로 나타내어 봅시다.

●의 수는 첫 번째 칸에서는 1×1, 두 번째 칸에서는 2×2, 세 번째 칸에서는 3×3, 네 번째 칸에서는 4×4

이므로 □ 번째 칸은 ______로 계산하여 구합니다. 즉 다섯 번째 칸에서는 ______로 늘어납니다.

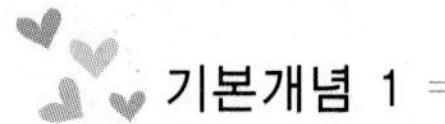

도전! 서술형!

규칙을 찾아 다섯 번째 칸에 들어갈 무늬를 그리고 설명하시오.

첫 번째	두 번째	세 번째	네 번째	다섯 번째
◆◆	◆◆ ◆◆◆◆	◆◆ ◆◆◆◆ ◆◆◆◆◆◆	◆◆ ◆◆◆◆ ◆◆◆◆◆◆ ◆◆◆◆◆◆◆◆	

1 그림으로 나타내어 봅시다.

2 수와 식으로 나타내어 봅시다.

	첫 번째 칸	두 번째 칸	세 번째 칸	네 번째 칸	다섯 번째 칸
수	2	6	12	20	
식	2	2+4	2+4+6	2+4+6+8	

3 규칙을 사용하여 수와 식으로 나타내어 봅시다.

실전! 서술형!

 규칙을 찾아 다섯 번째 칸에 들어갈 무늬를 그리고 설명하시오.

첫 번째	두 번째	세 번째	네 번째	다섯 번째
▶	▶▶ ▶	▶▶▶▶ ▶▶ ▶	▶▶▶▶▶▶▶▶ ▶▶▶▶ ▶▶ ▶	

Jumping Up! 창의성!

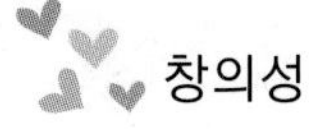

세종대왕과 통계

고려 말기에서 조선 초기에는 농사에 대한 세법으로 답험손실법(踏驗損實法)을 실시하고 있었습니다. 이 법은 농사의 상황에 따라 세금을 달리하는 제도였으나 지방 향리들이 이를 제대로 측정 · 활용하지 못하는 등의 문제로 폐단이 일어났습니다. 이에 세종대왕은 공법(貢法)이라는 새로운 법을 만들었습니다. 일반적으로 왕조시대에는 안건이 있을 때 조정에서 신하들과 찬반논의를 하고 시행여부를 결정하지만 세종대왕은 조정에서 신하들과 논의를 한 뒤 농사를 짓고 세금을 내는 일반 백성에 이르기까지 그 의견을 물었습니다.

"정부 · 육조와, 각 관사와 서울 안의 전함(前銜) 각 품관과, 각도의 감사 · 수령 및 품관으로부터 여염(閭閻)의 세민(細民)에 이르기까지 모두 가부(可否)를 물어서 아뢰게 하라."

〈세종실록〉1430년(세종 12년) 3월 5일

그 결과는 약 5개월 후인 1430년 8월 10일에 세종대왕에게 보고됩니다. 일반 백성들의 의견을 수합한 결과를 지역별로 정리하면 다음과 같습니다.

지역	경기도	평안도	황해도	충청도	강원도	함길도	경상도	전라도	합계
찬성	17076	1326	4454	6982	939	75	36262	29505	96,619
반대	236	28474	15601	14013	6888	7387	377	257	73,233

〈세종실록〉 1430년(세종 12년) 8월 10일

이것은 사실상 전 국민을 상대로 정책에 대한 통계 조사를 실시한 것으로 볼 수 있습니다. 이를 바탕으로 세종대왕은 찬성과 반대의 수를 보고 백성의 의견을 참고하여 시행시기를 조절하였습니다. 또한 통계 결과를 감안하여 공법을 수정하여 시행하였고, 시행 후에도 문제점을 개선하여 보완된 공법을 실시하였습니다. 이렇게 공법은 정책 계획 단계에서부터 실행 단계에 이르기까지 모두 통계를 바탕으로 이루어진 정책이었습니다. 이 외에도 세종대왕은 통계를 이용하여 백성을 위한 수많은 업적을 남겼습니다.

출처: 통계청 블로그
http://blog.naver.com/hi_nso?Redirect=Log&logNo=130138279520

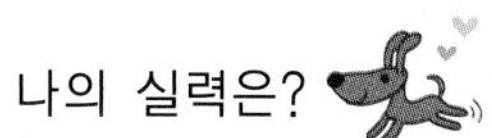

나의 실력은?

1 민수는 친구들이 좋아하는 구기 운동 종목을 조사하였습니다. 친구들이 좋아하는 구기 운동 종목별 학생 수를 조사한 표를 그림그래프로 나타내었습니다. 어떤 점이 잘못 되었는지 말해 보고 바르게 고치시오.

장소	야구	축구	배구	농구
학생 수	34	52	14	18

장소	야구	축구	배구	농구
학생 수				

→

2 다음 포장지에 그려진 무늬를 보고 열 번째 칸의 무늬의 수를 구하시오.

첫 번째	두 번째	세 번째	네 번째	열 번째
▲	▲ ▲▲	▲ ▲▲ ▲▲▲	▲ ▲▲ ▲▲▲ ▲▲▲▲	

3-2

정답 및 해설

1. 곱셈

6쪽

개념 쏙쏙!

1 3 **2** 2, 6, 1, 3, 3, 9, 639 **3** 9, 30, 600 / 9, 30, 600, 639, / 6, 3, 9

정리해 볼까요? 9, 3, 6

7쪽

첫걸음 가볍게!

1 2

2 1, 2 / 3, 6 / 2, 4 / 264

3 4, 60, 200 / 4, 60, 200, 264 / 2, 6, 4

4 132, 2, 2 / 2×2, 4 / 3×2, 6 / 1×2, 2 / 264

8쪽

한 걸음 두 걸음!

1 232가 3번 있다는

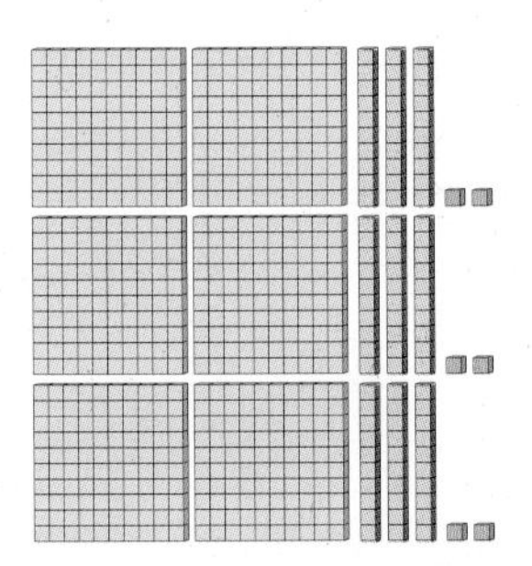

2, 6, 3, 9, 2, 6, 696

2

1) 일 모형 2×3=6
2) 십 모형 30×3=90
3) 백 모형 200×3=600

→

$$\begin{array}{r} 2\ 3\ 2 \\ \times\quad\ \ 2 \\ \hline 6 \\ 9\ 0 \\ 6\ 0\ 0 \\ \hline 6\ 9\ 6 \end{array}$$

$$\begin{array}{r} 2\ 3\ 2 \\ \times\quad\ \ 2 \\ \hline 6\ 9\ 6 \end{array}$$

3 232가 3번이므로, 곱해지는 수의 각각의 자리값에 3을 곱합니다.

2×3으로 6을 일의 자리에 쓰고,

3×3으로 9를 십의 자리에 쓰고,

2×3으로 6을 백의 자리에 씁니다. 696

9쪽

도전! 서술형!

1 424×2는 424가 2번이라는

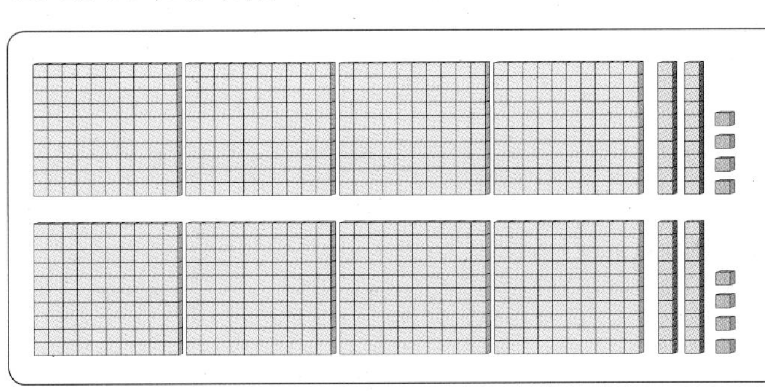

백 모형 4개씩 2묶음은 8개입니다.
십 모형 2개씩 2묶음은 4개입니다.
일 모형 4개씩 2묶음은 8개입니다.
모두 848개입니다.

2 세로셈으로 나타내면

1) 일 모형 $4\times2=8$ →
2) 십 모형 $20\times2=40$ →
3) 백 모형 $400\times2=800$ →

$$\begin{array}{r} 424 \\ \times\quad 2 \\ \hline 8 \\ 40 \\ 800 \\ \hline 848 \end{array} \qquad \begin{array}{r} 424 \\ \times\quad 2 \\ \hline 848 \end{array}$$

3 424×2는 424가 2번이므로, 곱해지는 수의 각각의 자리값에 2를 곱합니다.
일의 자리는 4×2로 8을 일의 자리에 쓰고,
십의 자리는 2×2로 4를 십의 자리에 쓰고,
백의 자리는 4×2로 8을 백의 자리에 씁니다. 모두 더하면 답은 848입니다.

10쪽

실전! 서술형!

1, **2**, **3** 중의 한 가지 방법으로 답하면 됩니다.

1 313×2는 313이 2번이라는 뜻으로 수모형으로 알아보면

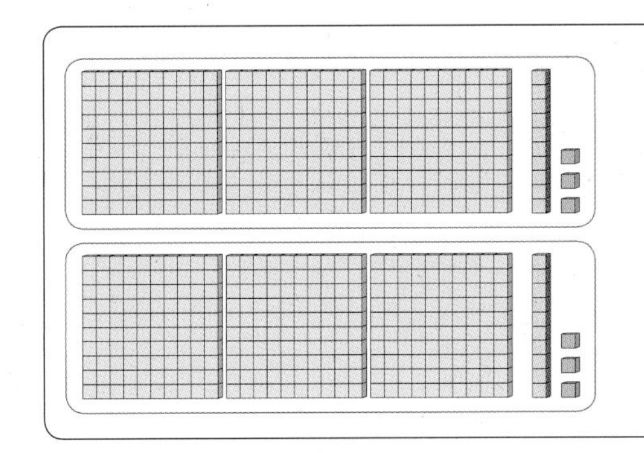

백 모형 3개씩 2묶음은 6개입니다.
십 모형 1개씩 2묶음은 2개입니다.
일 모형 3개씩 2묶음은 6개입니다.
모두 626개입니다.

2 세로셈으로 나타내면

1) 일 모형　3×2=6 →
2) 십 모형　10×2=20 →
3) 백 모형 300×2=600 →

$$\begin{array}{r} 313 \\ \times\quad 2 \\ \hline 6 \\ 20 \\ 600 \\ \hline 626 \end{array} \qquad \begin{array}{r} 313 \\ \times\quad 2 \\ \hline 626 \end{array}$$

3 313×2는 313이 2번이므로, 곱해지는 수의 각각의 자리값에 2를 곱합니다.

일의 자리는 3×2로 6을 일의 자리에 쓰고,

십의 자리는 1×2로 2를 십의 자리에 쓰고,

백의 자리는 3×2로 6을 백의 자리에 씁니다. 모두 더하면 답은 626입니다.

11쪽

개념 쏙쏙!

1 20

2 20, 40, 20, 800

3 10배, 8, 80, 10배 10
배, 8, 80, 10배 10
배, 10배, 8, 800, 100배

4 8, 80, 80, 800 / 80, 80, 800

5 8, 800, 8, 800

정리해 볼까요? 8

14쪽

첫걸음 가볍게!

1 20

2 60, 20, 60, 20, 1200

3 6, 60, 120 / 2, 20, 120 / 2, 20, 6, 60, 1200

4 12, 1200 / 100, 12, 1200

5 12, 1200

15쪽

한 걸음 두 걸음!

1 20

2 14, 20, 280

3 2, 20, 280

4 28, 280, 10, 28, 280

5 10, 28, 280

16쪽

도전! 서술형!

식 23 × 20, 답 460, 23, 20, 460

15, 150, 150, 1500,
5, 50, 3, 30, 1500(또는 3, 30, 5, 50, 1500)

10, 48, 480

17쪽

실전! 서술형!

아래 4가지 중 1가지 또는 여러 가지 방법으로 해결하면 됩니다.

1 23이 30번 있다는 뜻으로 690입니다.

2 모눈종이로 옆으로 23, 아래로 30개여서 모두 세면 690입니다.

23

30

3 간단한 식으로 나타내면

23 × 3 = 69

23 × 30 = 690

· 3→30으로 10배 늘어나서 답은 69의 10배 690이 됩니다.

4

23 × 30 = 690

· 23×30은 23×3에서 3→30으로 10배 늘어났으므로 69에서 10배하여 690이 됩니다.

19쪽

첫걸음 가볍게!

1 2×3, 6, 5×3, 15, 3×3, 9, 1056

2 15

3 5×3, 15, 1을 올려주어야, 3×3=9, 10, 1056

20쪽

한 걸음 두 걸음!

1

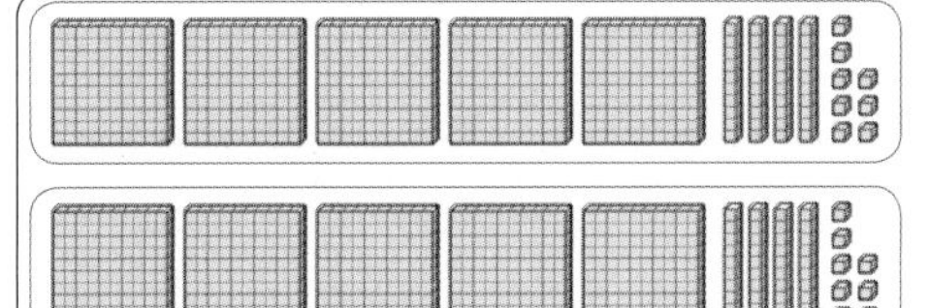

① 8×2로 16입니다.
② 4×2로 8입니다.
③ 5×2로10입니다.
④ 1096

2

$$\begin{array}{r} 548 \\ \times \quad 2 \\ \hline 1196 \end{array}$$

8×2=16, 1, 4×2=8, 9

3

$$\begin{array}{r} 548 \\ \times \quad 2 \\ \hline 1196 \end{array} \rightarrow \begin{array}{r} {}^{1} \\ 548 \\ \times \quad 2 \\ \hline 1096 \end{array}$$

8×2, 16, 1을 올려줍니다 / 4×2, 8, 9 / 10, 1096

21쪽

도전! 서술형!

1

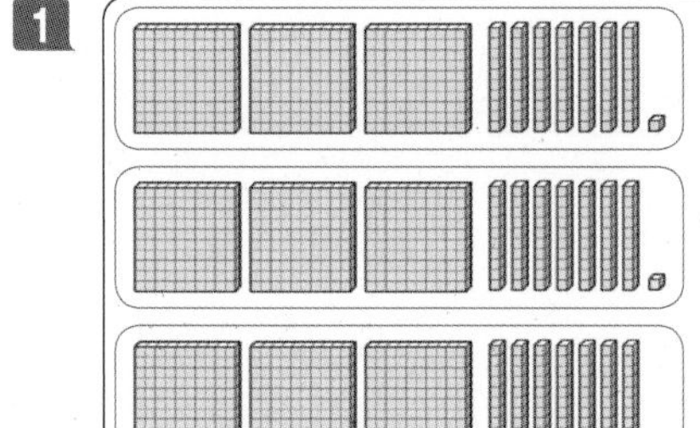

① 일모형을 살펴보면 1×3으로 3입니다.

② 십모형을 살펴보면 7×3으로 21입니다.

③ 백모형을 살펴보면 3×3으로 9입니다.

④ 모두 1113입니다.

2

$$\begin{array}{r} 371 \\ \times \quad 3 \\ \hline 1013 \end{array} \rightarrow \begin{array}{r} {}^{2} \\ 371 \\ \times \quad 3 \\ \hline 1113 \end{array}$$

일의 자리는 1×3로 3입니다. 십의 자리는 7×3으로 21으로 2를 백의 자리에 올려줍니다.

백의 자리를 살펴보면 3×3의 9로 올라온 2와 더하면 11입니다. 그래서 1113입니다.

22쪽

실전! 서술형!

1, **2** 중의 한 가지 방법으로 답하면 됩니다.

1

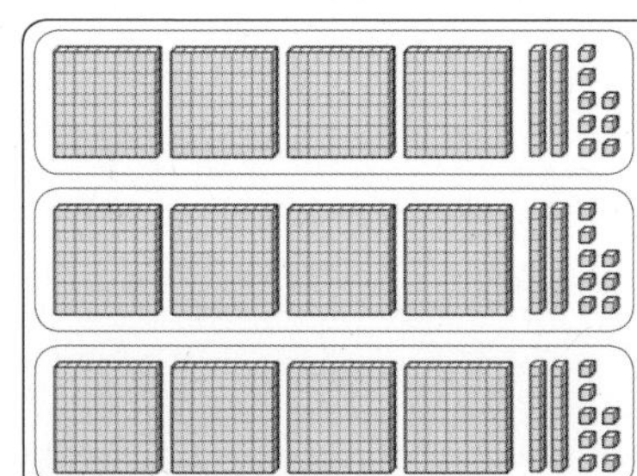

① 일모형을 살펴보면 8×3로 24입니다.

② 십모형을 살펴보면 2×3로 6입니다.

③ 백모형을 살펴보면 4×3로 12입니다.

④ 모두 1284입니다.

2

$$\begin{array}{r} 4\ 2\ 8 \\ \times \quad\ \ 3 \\ \hline 1\ 2\ 3\ 4 \end{array} \rightarrow \begin{array}{r} {\scriptstyle 2}\ \ \\ 4\ 2\ 8 \\ \times \quad\ \ 3 \\ \hline 1\ 2\ 8\ 4 \end{array}$$

일의 자리는 8×3으로 24이므로, 2를 십의 자리에 올려줍니다. 십의 자리는 2×3으로 6이므로 일의 자리에서 올라온 2를 더하면 8입니다. 백의 자리를 살펴보면 4×3로 12입니다. 그래서 1284입니다.

23쪽

Jumping Up! 창의성!

1

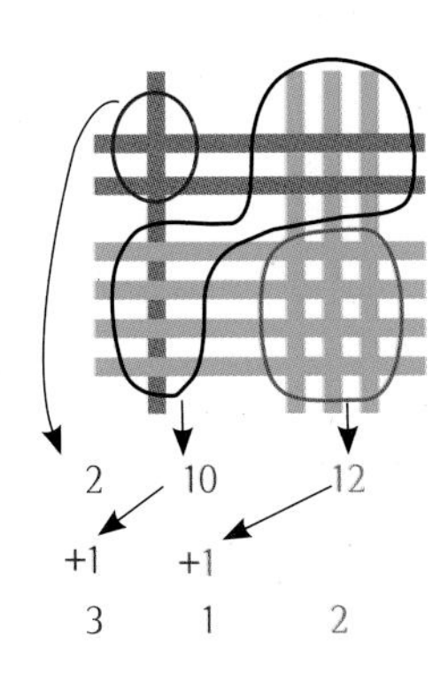

2

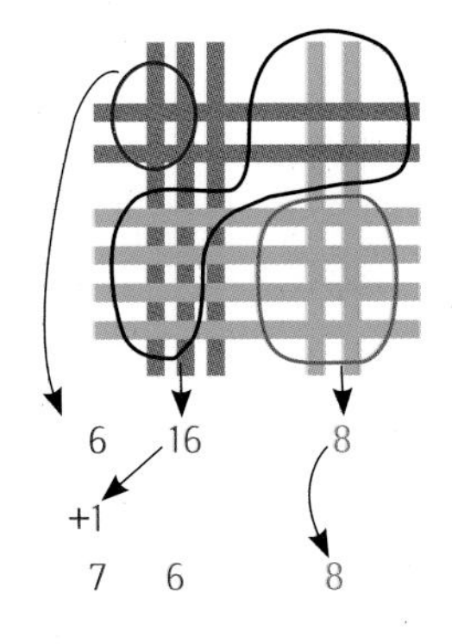

나의 실력은?

24쪽

1

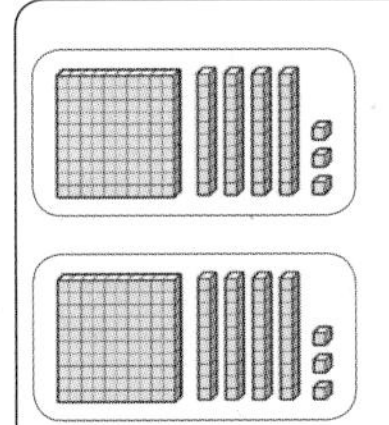

143×2는 143이 2번 있다는 뜻이므로 곱해지는 수의 각각의 자리값에 2를 곱합니다.

일의 자리는 3×2로 6을 일의 자리에 쓰고, 십의 자리는 4×2로 8을 십의 자리에 쓰고, 백의 자리는 1×2로 2를 백의 자리에 씁니다. 모두 더하면 답은 286입니다.

2 24, 2400,

8, 80, 3, 30,(또는 3, 30, 8, 80), 100, 24, 2400

80×30은 8×3에서 8→80, 3→30으로 100배 늘어났으므로 8×3=24에서 24의 뒤에 0을 2개 뒤에 붙여 100배하면 80×30=2400이 됩니다.

3

$$\begin{array}{r} 3\ 1\ 4 \\ \times \quad\ \ 3 \\ \hline 9\ 3\ 2 \end{array} \rightarrow \begin{array}{r} {\scriptstyle 1}\ \ \\ 3\ 1\ 4 \\ \times \quad\ \ 3 \\ \hline 9\ 4\ 2 \end{array}$$

일의 자리는 4×3으로 12로, 1을 십의 자리에 올려줍니다. 십의 자리는 1×3으로 3으로 일의 자리에서 올라온 1을 더하면 4입니다. 백의 자리를 살펴보면 3×3으로 9입니다. 그래서 942입니다.

2. 나눗셈

27쪽

첫걸음 가볍게!

나눗셈식 : 8÷ 2

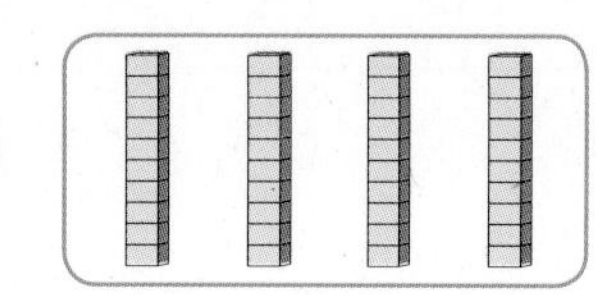

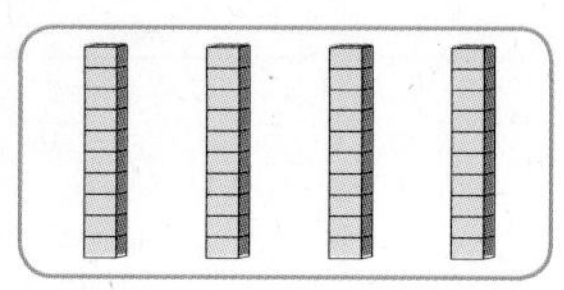

나눗셈식 : 80÷ 2

3 8 ÷ 2, 80 ÷ 2, 나누는 수는 같고, 10, 80, 8, 8 ÷ 2, 8÷2, 4, 4, 0, 40

28쪽

한 걸음 두 걸음!

1

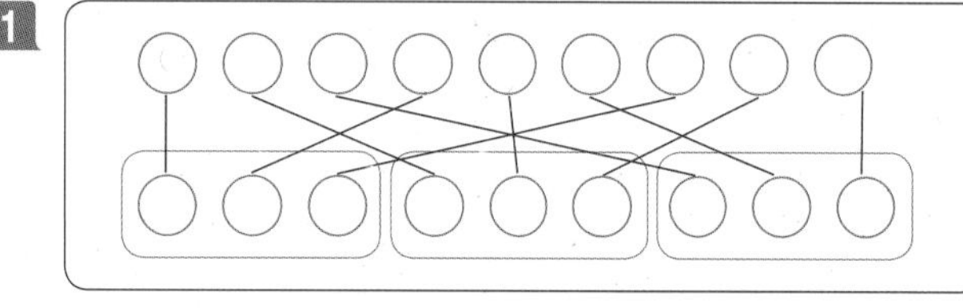

9 ÷ 3

2

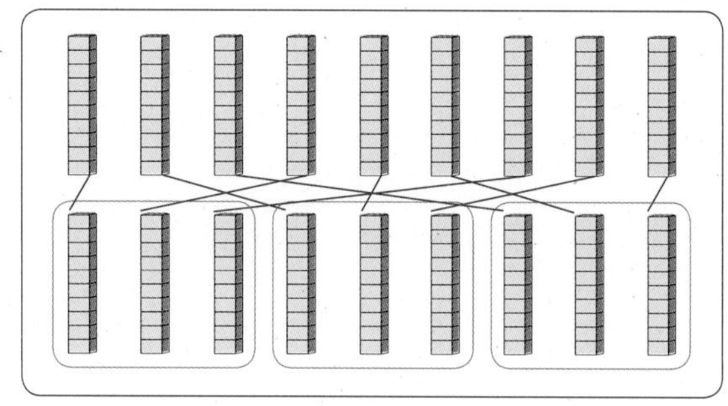

90 ÷ 3

3 90 ÷3, 나누어지는 수, 10, 90÷3, 10, 9, 9÷3, 9÷3, 3, 3, 0, 30

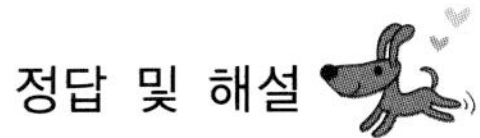

29쪽

도전! 서술형!

1

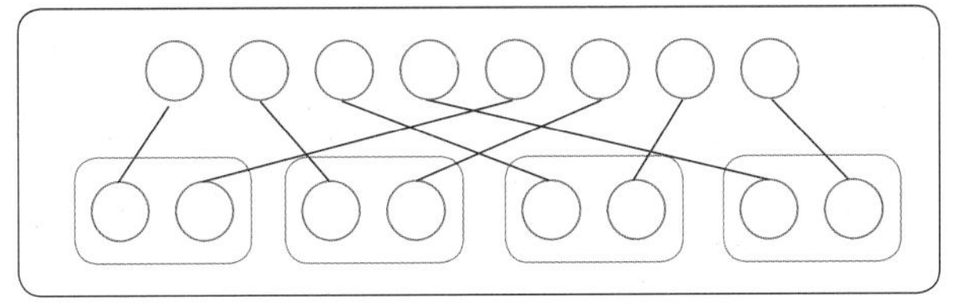

$8 \div 4 = 2$

2

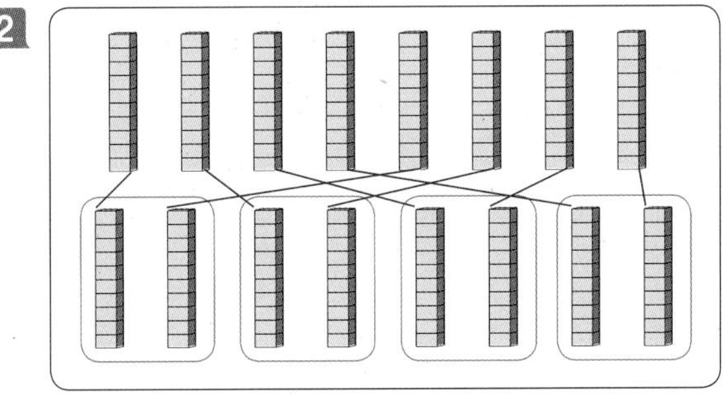

$80 \div 4 = 20$

3 80÷4와 8÷4는 나누는 수는 같고, 나누어지는 수가 10배 큽니다. 80÷4는 80을 10개씩 묶음 8개로 생각하면 8÷4와 같습니다.
그래서 8÷4를 한 후 나오는 몫 2는 십모형이 2개이므로 몫에 0을 붙입니다. 몫은 20입니다.

1

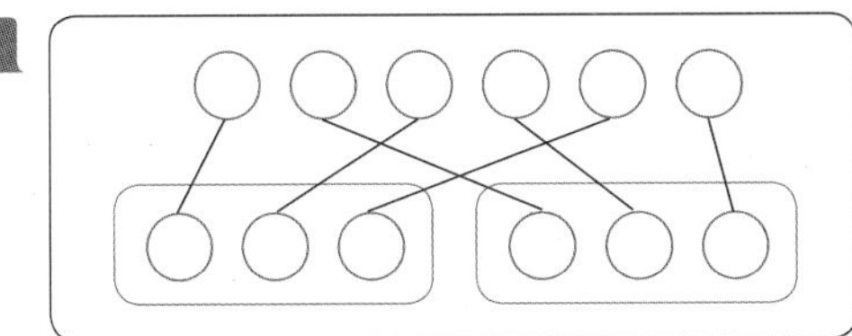

$6 \div 2 = 3$

2

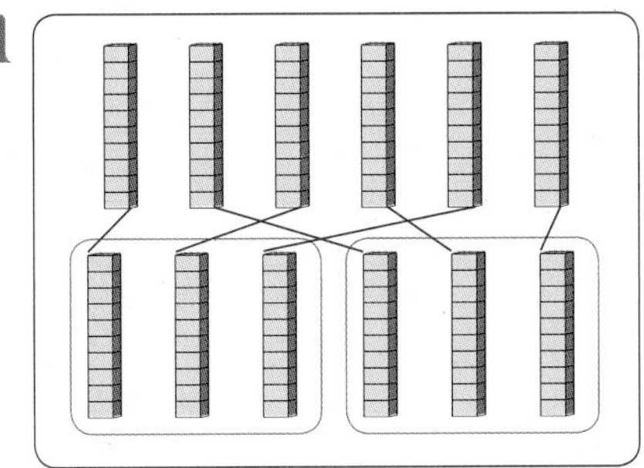

$60 \div 2 = 30$

3 60÷2와 6÷2는 나누는 수는 같고, 나누어지는 수가 10배 큽니다. 60÷2는 60을 10개씩 묶음 6개로 생각하면 6÷2와 같습니다.
그래서 6÷2를 한 후 나오는 몫 3은 십모형이 3개이므로 몫에 0을 붙입니다. 몫은 30입니다.

30쪽

실전! 서술형!

1

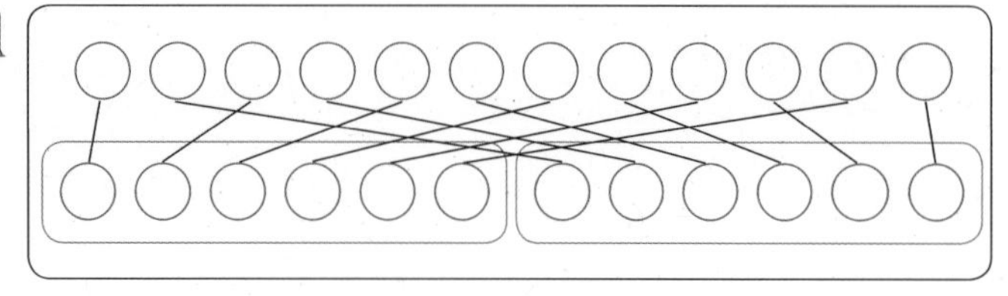

12 ÷ 2 = 6

2

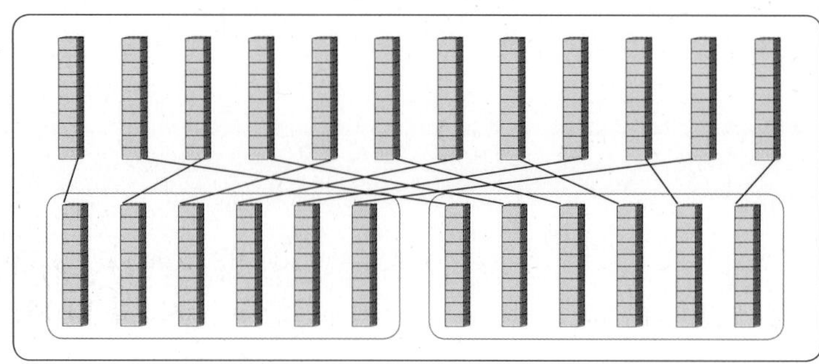

120 ÷ 2 = 60

3 120÷2와 12÷2는 나누는 수는 같고, 나누어지는 수가 10배 큽니다. 120÷2는 120을 10개씩 묶음 12개로 생각하면 12÷2와 같습니다. 그래서 12÷2를 한 후 나오는 몫 6은 십모형이 6개이므로 몫에 0을 붙입니다. 몫은 60입니다.

32쪽

첫걸음 가볍게!

1 50 ÷ 2

2 묶음으로 되어 있어 쉽게 2묶음으로 나누기 어렵습니다.

3 4, 2, 2 / 10, 2, 5 / 2, 5, 25

4 ① 5, 2, 2, 1 ② 40, 2, 2, 2×2, 5, 4 ③ 1, 10, 2, 5 ④ 10, 2, 5, 2×5

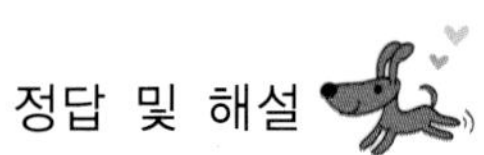

33쪽

한 걸음 두 걸음!

1

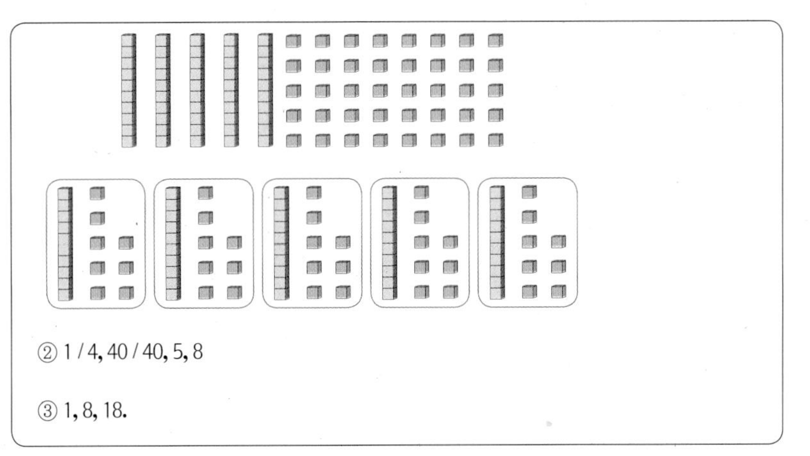

② 1 / 4, 40 / 40, 5, 8

③ 1, 8, 18.

2

```
    1 8
 5 ) 9 0
    [5]      ← [5]×[1]
    4 0
   [4 0]     ← [5]×[8]
      0
```

① 십의 자리 9를 5로, 1

② 4를 일모형 40으로, 5, 8

③ 5(또는 50), 5×1, 40, 5×8

34쪽

도전! 서술형!

1

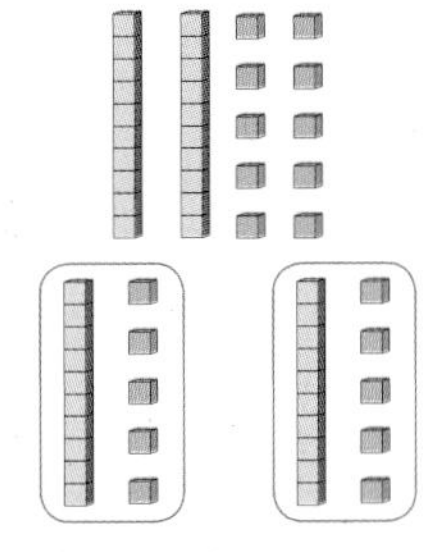

② 먼저 십모형 3개를 2로 나누면 몫은 십의 자리 1이고 십모형 1개를 일모형 10으로 바꾸고, 일모형 10을 2로 나누면 5가 됩니다.

③ 십모형 1개 일모형 5로 15입니다.

2

$$\begin{array}{r} 15 \\ 2\overline{)30} \\ \underline{2} \\ 10 \\ \underline{10} \\ 0 \end{array}$$

← 2×1

← 2×5

① 십의 자리 3을 2로 나누면 몫이 십의 자리 1이 됩니다.

② 1, 10, 5로 나누면 일의 자리 5가 됩니다.

③ 2, 2×1, 10, 2×5

④ 십의 자리 1개, 일의 자리 5개로 15입니다.

35 쪽

실전! 서술형!

1

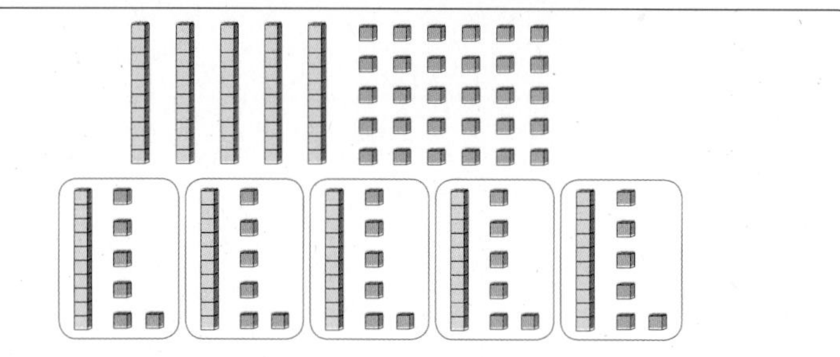

① 십모형으로 되어 있어 나누기 어렵습니다. 십모형과 일모형으로 나타냅니다.

② 먼저 십모형 8개를 5로 나누면 몫은 십의 자리 1이고, 십모형 3개를 일모형 30으로 바꾸고, 일모형 30을 5로 나누면 6이 됩니다.

③ 몫은 십모형 1개 일모형 6으로 16이 됩니다.

2

$$\begin{array}{r} 16 \\ 5\overline{)80} \\ \underline{5} \\ 30 \\ \underline{30} \\ 0 \end{array}$$

← 5×1

← 5×6

① 80에서 십의 자리 8을 5로 나누면 몫이 십의 자리 1이 됩니다.

② 남은 십의 자리 3을 일모형 30으로 바꾸어 5로 나누면 일의 자리 6이 됩니다.

③ 5는 5×1을 나타내며, 30은 5×6을 나타냅니다.

④ 몫은 16입니다.

36쪽

개념 쏙쏙!

1 3, 1, 6, 2, 1, 2, 12

37쪽

첫걸음 가볍게!

1 ① 6개를 2로 나누면 3입니다. ② 8, 2로 나누면 4입니다. ③ 3, 4, 34

2 ① 6, 6, 2, 3 ② 8, 나누는 수 2, 8, 2, 4 ③ 34

3 ① 6, 2, 3 ② 8, 2, 8, 2, 4, ③ 68, 2, 34

38쪽

한 걸음 두 걸음!

1

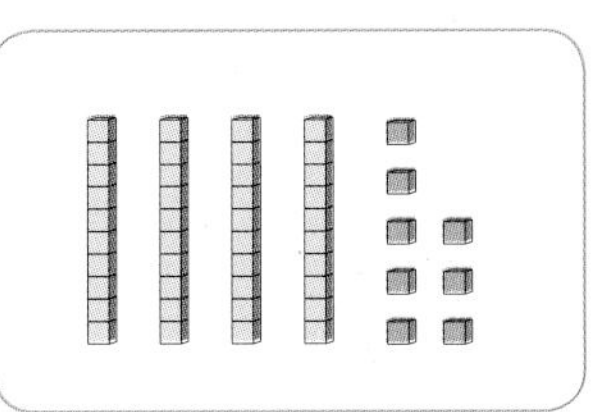

① 십모형 4개를 4로 나누면 1입니다.

② 일모형 8개를 4로 나누면 2입니다.

③ 십모형 1, 일모형 2로 몫은 12입니다.

2

①

$$\begin{array}{r} 1 \\ 4\overline{)\,48} \\ 40 \\ \hline 8 \\ \hline \end{array} \rightarrow \begin{array}{r} 1 \\ 4\overline{)\,48} \\ 40 \\ \hline \end{array}$$

②

$$\begin{array}{r} 12 \\ 2\overline{)\,48} \\ 40 \\ \hline 8 \\ 8 \\ \hline 0 \end{array}$$

① 먼저 40을 십모형 4개로 보아 4÷4를 하면 몫은 십의 자리 1입니다.

② 8은 나누는 수 4보다 크므로 더 나누어야 합니다. 즉, 8÷4는 2입니다.

③ 12

3

①

$$\begin{array}{r} 1 \\ 4\overline{)\,48} \\ 40 \\ \hline 8 \end{array} \rightarrow$$

②

$$\begin{array}{r} 12 \\ 2\overline{)\,48} \\ 40 \\ \hline 8 \\ 8 \\ \hline 0 \end{array}$$

① 4÷4의 몫을 십의 자리에 1이라 씁니다.

② 8 / 4로 나눠지기 때문에 8÷4 해서 일의 자리에 2를 써야 합니다.

③ 48, 4 / 12입니다.

39쪽

도전! 서술형!

1

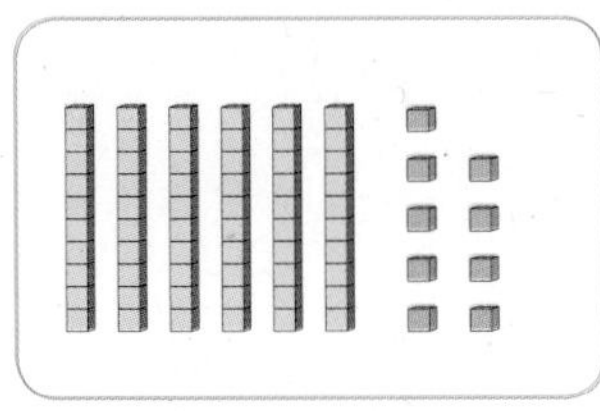

① 십모형 6개를 3으로 나누면 2입니다.

② 일모형 9개를 3으로 나누면 3입니다.

③ 십모형 2, 일모형 3으로 몫은 23입니다.

2

$$\begin{array}{r} 1 \\ 3\overline{)69} \\ 60 \\ \hline 9 \end{array} \rightarrow \begin{array}{r} 2 \\ 3\overline{)69} \\ 6 \\ \hline \end{array} \qquad \begin{array}{r} 23 \\ 3\overline{)69} \\ 60 \\ \hline 9 \\ 9 \\ \hline 0 \end{array}$$

① 먼저 60을 십모형 6개로 보아 6÷3을 하면 몫은 십의 자리 2입니다.

② 9는 나누는 수 3보다 크므로 더 나누어야 합니다. 즉, 9÷3은 3입니다.

③ 23

3

$$\begin{array}{r} 2 \\ 3\overline{)69} \\ 60 \\ \hline 9 \end{array} \rightarrow \begin{array}{r} 23 \\ 3\overline{)69} \\ 6 \\ \hline 9 \\ 9 \\ \hline 0 \end{array}$$

① 69÷3에서 6÷3의 몫을 십의 자리에 2라고 씁니다.

② 일의 자리 9는 3으로 나눠지기 때문에 9÷3을 해서 일의 자리에 3을 써야 합니다.

③ 69÷3의 몫은 23입니다.

40쪽

실전! 서술형!

$$\begin{array}{r} 1 \\ 7\overline{)77} \\ 70 \\ \hline 7 \end{array} \rightarrow \begin{array}{r} 1 \\ 7\overline{)77} \\ 7 \\ \hline 7 \\ \\ \hline \end{array} \qquad \begin{array}{r} 11 \\ 7\overline{)77} \\ 7 \\ \hline 7 \\ 7 \\ \hline 0 \end{array}$$

① 77에서 먼저 70을 십모형 7개로 보아 7÷7을 하면 몫은 십의 자리 1입니다.

② 77에서 남은 7은 7로 더 나눠진다. 7÷7은 1입니다.

③ 77÷7의 몫은 11입니다.

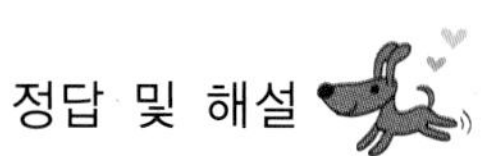

①

$$\begin{array}{r} 4 \\ 2\overline{)\,8\ 2} \\ \underline{8} \\ 2 \end{array} \rightarrow \begin{array}{r} 4 \\ 2\overline{)\,8\ 2} \\ \underline{8} \\ 2 \\ \underline{} \end{array} \quad ② \begin{array}{r} 4\ 1 \\ 2\overline{)\,8\ 2} \\ \underline{8} \\ 2 \\ \underline{2} \\ 0 \end{array}$$

① 82에서 먼저 80을 십모형 8개로 보아 8÷2를 하면 몫은 십의 자리 4입니다.

② 82에서 남은 2는 2로 더 나눠집니다. 2÷2는 1입니다.

③ 82÷2의 몫은 41입니다.

42쪽

첫걸음 가볍게!

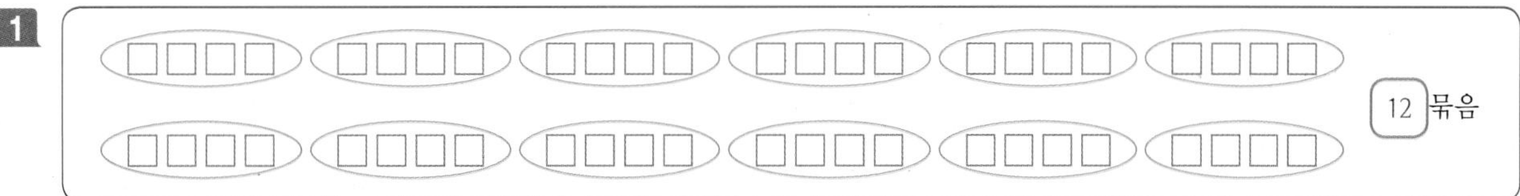

12 묶음

2 12번

3 4를 12번

4 4에 12를, 12

5 ① 4개씩, 12 ② 0이 될 때까지 ③ 48 ④ 어떤 수를 곱하면

43쪽

한 걸음 두 걸음!

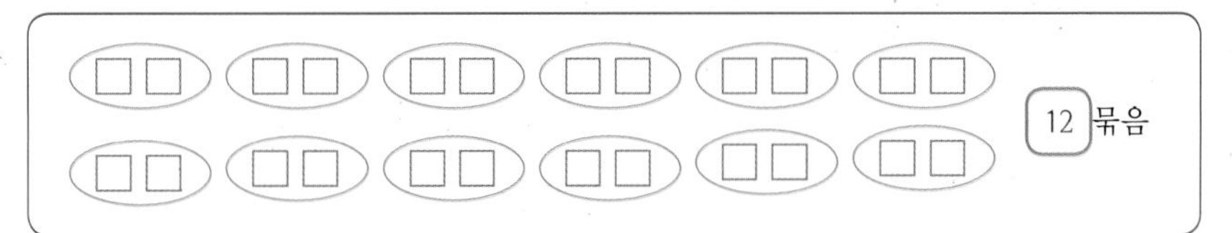

12 묶음

2 2를 12번

3 2를 12번

4 2에 12를, 12

5

① 그림, 2, 12

② 뺄셈식, 24−2−2−2−2−2−2−2−2−2−2−2−2=0, 12

③ 덧셈식, 2+2+2+2+2+2+2+2+2+2+2+2=24, 12

④ 곱셈식, 2×12이므로, 12

44쪽

도전! 서술형!

1

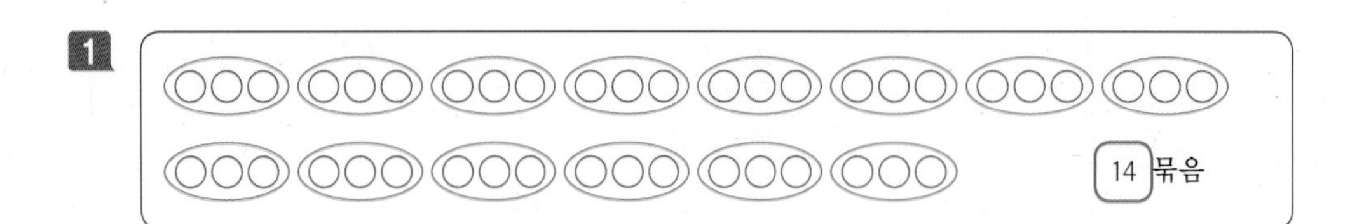

2 42−3−3−3−3−3−3−3−3−3−3−3−3−3−3=0

42에서 3을 14번 뺄 수 있습니다.

14

3 3+3+3+3+3+3+3+3+3+3+3+3+3+3=42 3을 14번 더하면 42가 됩니다.

14

4 $3 \times 14 = 42$ 3에 14를 곱하면 42가 됩니다.

3×14, 12

45쪽

실전! 서술형!

$60 \div 5$

1

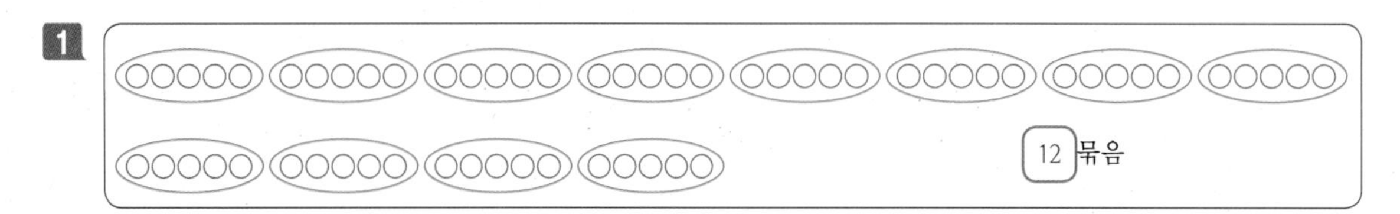

2 60−5−5−5−5−5−5−5−5−5−5−5−5=0, 5를 12번 빼면 됩니다.

3 5+5+5+5+5+5+5+5+5+5+5+5=60, 5를 12번 더하면 60이 됩니다.

4 $5 \times 12 = 60$ 5에 12를 곱하면 60이 됩니다. 몫은 12입니다.

$56 \div 4$

1

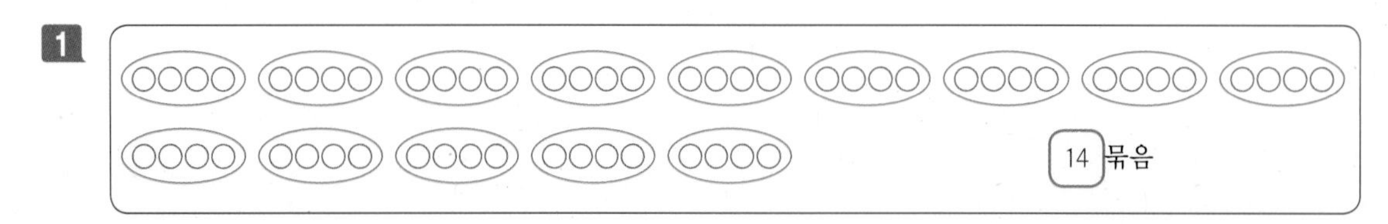

2 56−4−4−4−4−4−4−4−4−4−4−4−4−4−4=0 4를 14번 빼면 됩니다.

3 4+4+4+4+4+4+4+4+4+4+4+4+4+4=56, 4를 14번 더하면 56이 됩니다.

4 4×14=56 4에 14를 곱하면 56이 됩니다. 몫은 14입니다.

46쪽

Jumping Up! 창의성!

1. 60을 십의 묶음으로 생각하면 6 ÷ 3과 같습니다.

3. 600은 백모형으로 생각하면 백모형 6개입니다. 그래서 6 ÷ 3을 계산하면 몫은 백모형 2가 됩니다. 2는 백모형이므로 200을 나타냅니다. 등

1500을 백모형으로 생각하면 백모형 15개입니다. 그래서 15 ÷ 3 계산하면 몫은 백모형 5가 됩니다. 5는 백모형이므로 500을 나타냅니다.

47쪽

1 1)

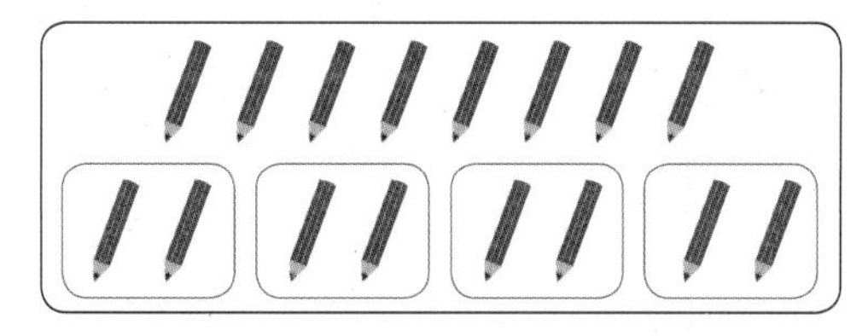

8 ÷ 4 = 2

2)

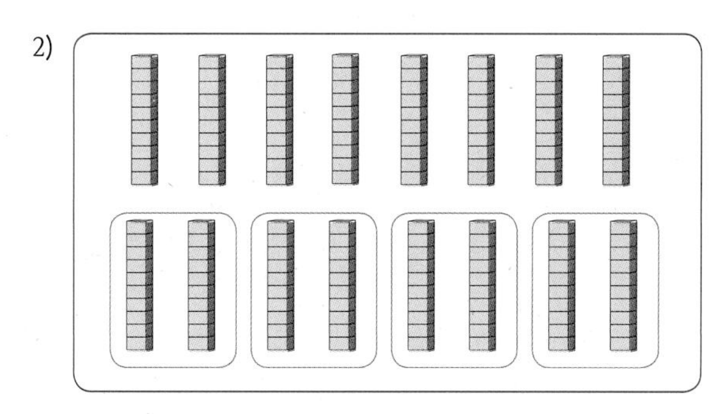

80 ÷ 4 = 20

3) 8 ÷ 4와 80 ÷ 4는 나누는 수는 같고, 나누어지는 수가 10배 큽니다. 80을 십모형 8개로 생각하면 8 ÷ 4와 같습니다.

그래서 8 ÷ 4를 한 후 나오는 몫 2는 10모형 2개이므로 몫에 0을 붙입니다. 몫은 20이 됩니다.

2 1)

② 먼저 10묶음 4개를 2로 나누면 2이고, 남은 10묶음 1개를 낱개 10으로 바꿉니다. 낱개 10을 2로 나누면 5입니다.

③ 몫은 10묶음 2, 낱개 5로 25입니다.

2) 그림으로 알아본 50 ÷ 2를 세로셈 식으로 나타내고 말로 표현해 봅시다.

```
   2 5
2 ) 5 0
    4 0    ← 2×20
    1 0
    1 0    ← 2×5
      0
```

① 50에서 십의 자리 5를 2로 나누면 몫이 십의 자리 2이고, 1이 남습니다.

② 남은 십의 자리 1을 일모형 10으로 바꾸어 2로 나누면 일모형 5가 됩니다.

③ '40'은 나누는 수 2와 몫의 십의 자리 2의 곱으로 '2×20'를 나타내며,
10은 나누는 수 2와 몫의 일의 자리 5의 곱으로 '2×5'를 나타냅니다.

3 1)

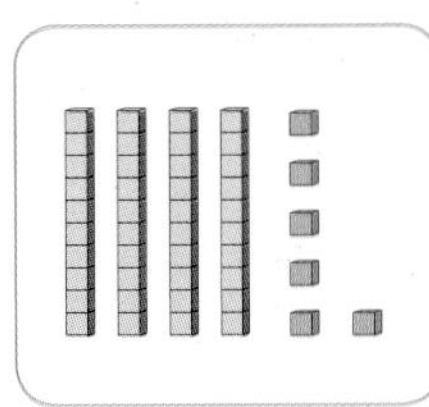

① 십모형 4개를 2로 나누면 2이다.

② 일모형 6개를 2로 나누면 3이다.

③ 십모형 2, 일모형 3으로 몫은 23이다.

2)

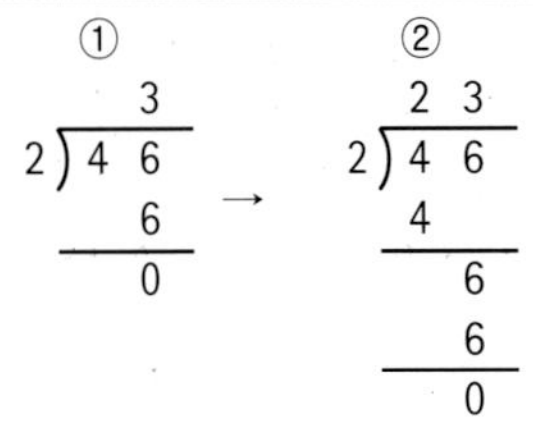

```
    ①             ②
      3            2 3
2 ) 4 6   →   2 ) 4 6
      6            4
      0              6
                     6
                     0
```

① 먼저 40을 십모형 4개로 보아 4÷2를 하면 몫은 십의 자리 2입니다.

② 6은 2로 더 나눠집니다. 6÷2는 3입니다.

③ 23

4 1)

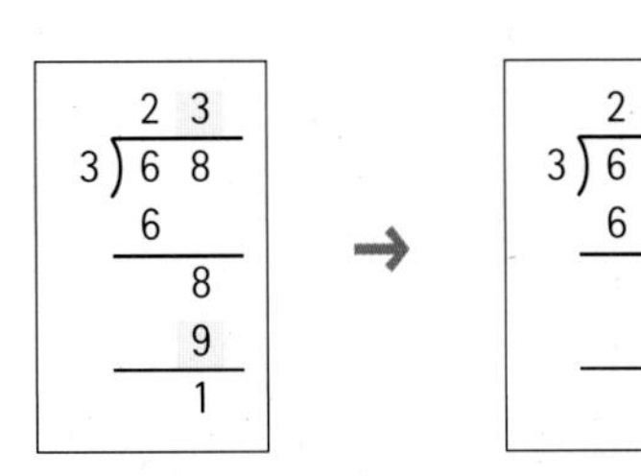

```
   2 3              2 2
3 ) 6 8          3 ) 6 8
    6                6
      8       →        8
      9                6
      1                2
```

2)
① 68에서 먼저 60을 십모형 6개로 보아 6÷3를 하면 몫은 십의 자리 2입니다.
② 68에서 남은 8은 3으로 더 나눠집니다. 그런데 8÷3의 몫을 3이라 하고, 거꾸로 9−8을 하여 1을 남겼습니다.
8÷3을 하면 몫은 2이고, 8−6을 해서 2가 남습니다.
③ 68÷3의 몫은 22이고, 나머지는 2입니다.

1)
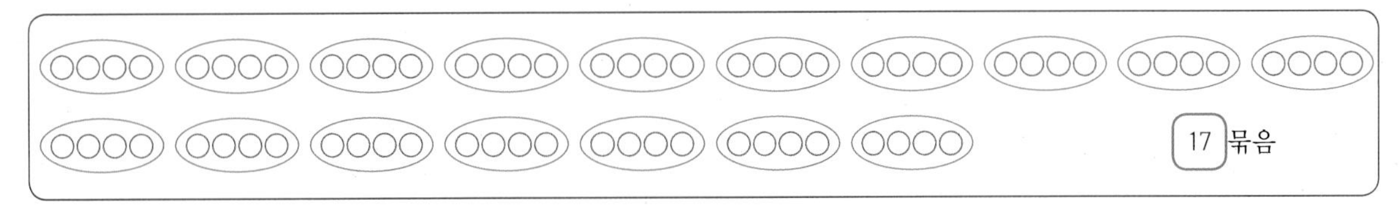

2) 68−4−4−4−4−4−4−4−4−4−4−4−4−4−4−4−4−4=0, 4를 17번 빼면 됩니다.

3) 4+4+4+4+4+4+4+4+4+4+4+4+4+4+4+4+4=68, 4를 17번 더하면 68이 됩니다.

4) 4×17=68 4에 17을 곱하면 68이 됩니다. 몫은 17입니다.

3. 원

52쪽

개념 쏙쏙!

1 3

53쪽

첫걸음 가볍게!

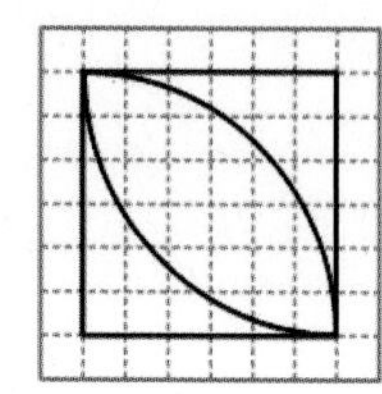

1 2 **2** 원의 중심, 6칸(또는 정사각형 한변) **4** 가와 나, 6칸(또는 정사각형 한변), 반지름

54쪽

한 걸음 두 걸음!

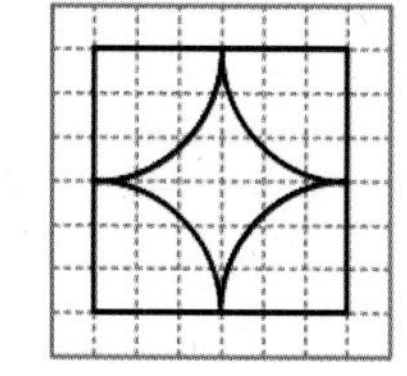

1 4

2 가, 다, 바, 사

3 3칸(또는 정사각형 한 변의 1/2)

4 4, 원의 중심, 가, 다, 바, 사, 3칸(또는 정사각형 한 변의 1/2)

원의 중심인 가, 다, 바, 사, 3칸(또는 정사각형 한 변의 1/2)

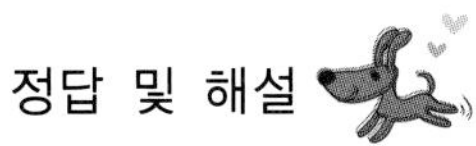

55쪽

도전! 서술형!

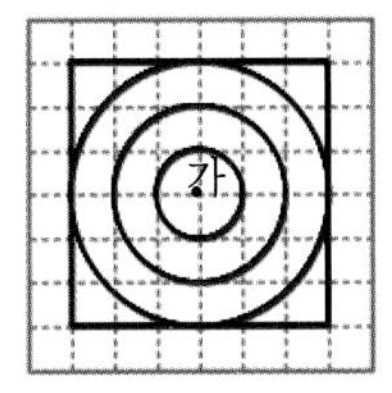

3

가(가운데 원의 십자표시된 곳에)로 모두 같습니다.

원의 중심 가 / 반지름 1칸, 2칸, 3칸인 원을 그립니다.

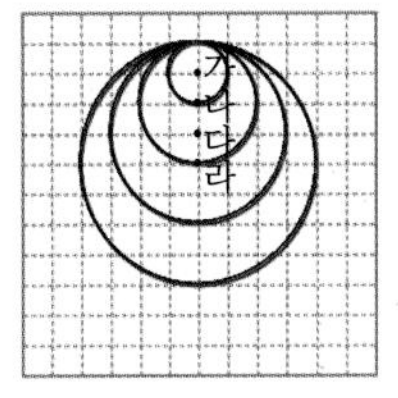

4

가, 나, 다, 라입니다.

원의 중심 가, 나, 다, 라 / 반지름 1칸, 2칸, 3칸, 4칸인 원을 그립니다.

56쪽

실전! 서술형!

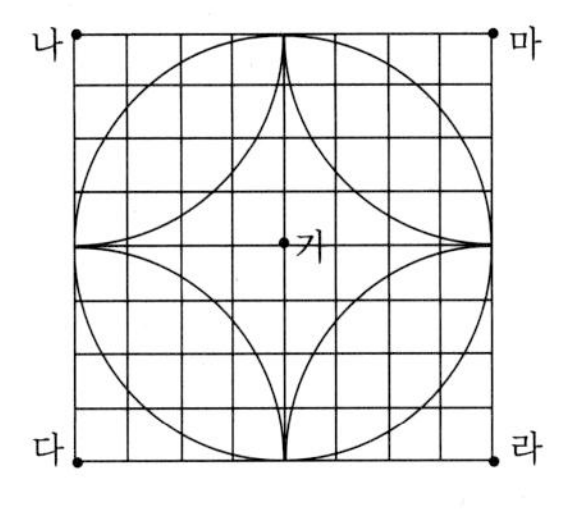

무늬에는 5개의 원이 있습니다.

원의 중심은 가, 나, 다, 라, 마입니다. 원의 중심 가에 컴퍼스를 꽂아 반지름 4칸으로 원을 그립니다.

그리고 원의 중심 나, 다, 라, 마에 컴퍼스를 꽂아 반지름이 4칸인 원을 그립니다.

57쪽

개념 쏙쏙!

4

원	반지름	지름
첫 번째 원	1	2
두 번째 원	2	4
세 번째 원	3	6

58쪽

첫걸음 가볍게!

4

원	반지름	지름
첫 번째 원	1	2
두 번째 원	2	4
세 번째 원	4	8

5 2, 5

6 반지름, 지름 / 1칸, 2칸

2칸, 4칸, 8칸 / 2칸, 5칸씩

59쪽

한 걸음 두 걸음!

1 반지름 5칸, 지름 10칸

2 반지름 4칸, 지름 8칸

3 반지름 3칸, 지름 6칸

4 위 세 개의 원의 반지름과 지름의 길이를 표에 나타내어 봅시다.

원	반지름	지름
첫 번째 원	5	10
두 번째 원	4	8
세 번째 원	3	6

5 5칸, 4칸, 3칸으로 오른쪽으로

6 차례대로, 반지름, 지름,

5칸, 4칸, 3칸으로

10칸, 8칸, 6칸으로 작아지는

중심, 첫째 원의 중심에서 5칸, 4칸, 3칸씩 오른쪽으로

60쪽

도전! 서술형!

아래 그림의 원에서 볼 수 있는 규칙을 말해 봅시다.

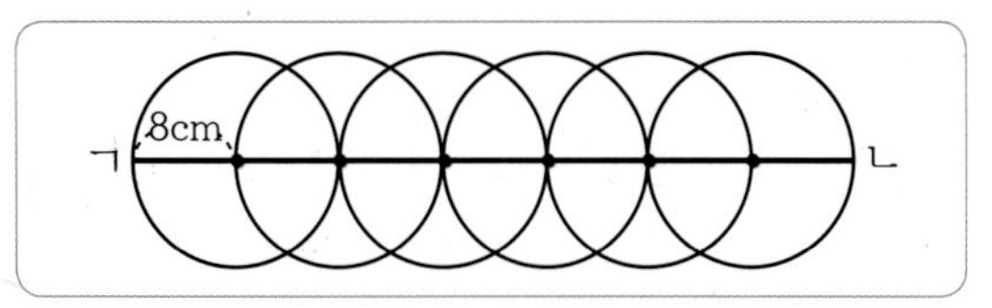

1 반지름 8cm, 지름 16cm

2 반지름 8cm, 지름 16cm

3 반지름 8cm, 지름 16cm

4

원	반지름	지름
첫 번째 원	8	16
두 번째 원	8	16
세 번째 원	8	16

5 원의 중심이 8cm 오른쪽으로

6 왼쪽에서 오른쪽으로 차례대로 반지름과 지름의 크기를 살펴보면, 반지름이 8cm씩, 지름은 16cm씩 같은 크기입니다. 첫째 원의 중심에서부터 원의 중심이 8cm만큼 오른쪽으로 이동합니다.

61쪽 

실전! 서술형!

가운데에서 바깥쪽으로 차례대로 반지름과 지름의 크기를 살펴보면, 반지름이 1칸, 2칸, 3칸으로 커지고, 지름은 2칸, 4칸, 6칸으로 커지는 규칙입니다. 원의 중심은 가이며, 모든 원의 중심이 같습니다.

62쪽 

Jumping Up! 창의성!

창의적으로 그리면 됨

나의 실력은?

63쪽

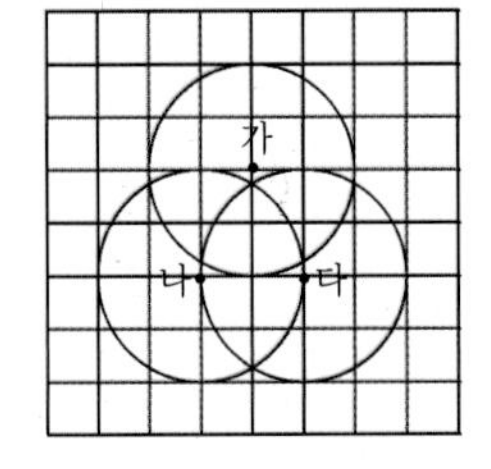

3

가, 나, 다

원의 중심 가, 나, 다 반지름이 2칸이 되게 원을 그립니다.

차례대로, 반지름, 지름,

모든 원의 반지름과 지름의 크기는

중심, 반지름만큼 오른쪽으로

4. 분수

67쪽

첫걸음 가볍게!

1

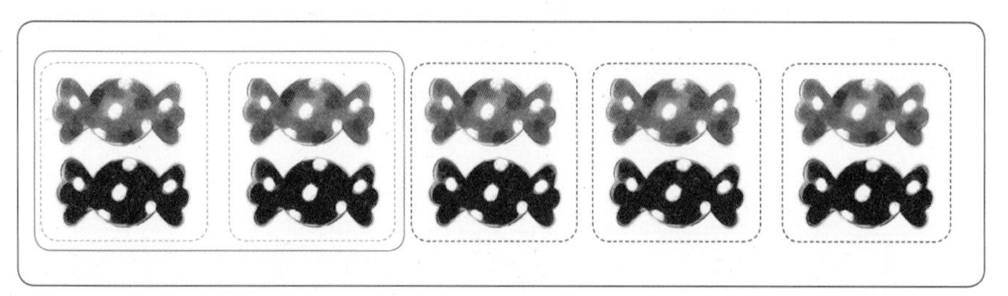

사탕 10개의 $\frac{2}{5}$는 4개입니다.

2 사탕 10개,

5묶음 / 5묶음, 1묶음, 2 / 5묶음, 2묶음, 4 / 5묶음, 3묶음, 6 / 5묶음, 4묶음, 8 / 5묶음, 5묶음, 10 / 5묶음, 2묶음, 2, 2, 2묶음, 4

3 5묶음, 2묶음, 2, / 2, 2묶음, 4

68쪽

한 걸음 두 걸음!

1

친구 24명의 $\frac{2}{3}$는 16명입니다.

2 24명 / 3묶음 / 24를 똑같이 3묶음으로 나눈 것 중의 1묶음이므로 8 / 24를 똑같이 3묶음으로 나눈 것 중의 2묶음이므로 16 / 24를 똑같이 3묶음으로 나눈 것 중의 3묶음이므로 24 / 3묶음, 2묶음, 8, 8, 2묶음, 16

3 24, 3묶음, 2묶음 / $\frac{1}{3}$, 8, $\frac{2}{3}$, $\frac{1}{3}$, 2, 8, 2묶음, 16

69쪽

도전! 서술형!

강아지 8마리의 $\frac{2}{4}$는 4마리입니다.

2 8마리의 $\frac{2}{4}$는 전체 8마리를 4묶음으로 똑같이 나눈 것 중의 2묶음입니다. 한 묶음은 $\frac{1}{4}$이므로 2를 나타내고 $\frac{2}{4}$는 $\frac{1}{4}$이 2개입니다.

따라서 8마리의 $\frac{2}{4}$는 2마리씩 2묶음이고 4마리입니다.

69쪽

실전! 서술형!

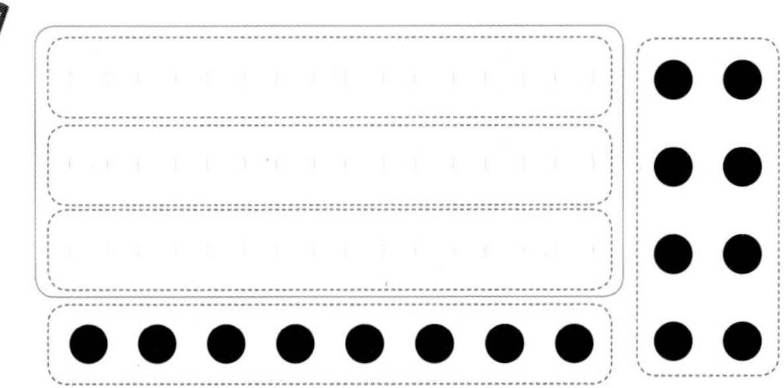

바둑돌 40개의 $\frac{3}{5}$은 24개입니다.

40개의 $\frac{3}{5}$은 전체 40개를 5묶음으로 똑같이 나눈 것 중의 3묶음입니다. 한 묶음은 $\frac{1}{5}$이므로 8을 나타내고 $\frac{3}{5}$은 $\frac{1}{5}$이 3개입니다.

따라서 40개의 $\frac{3}{5}$은 8개씩 3묶음이고 24개입니다.

71쪽

첫걸음 가볍게!

1

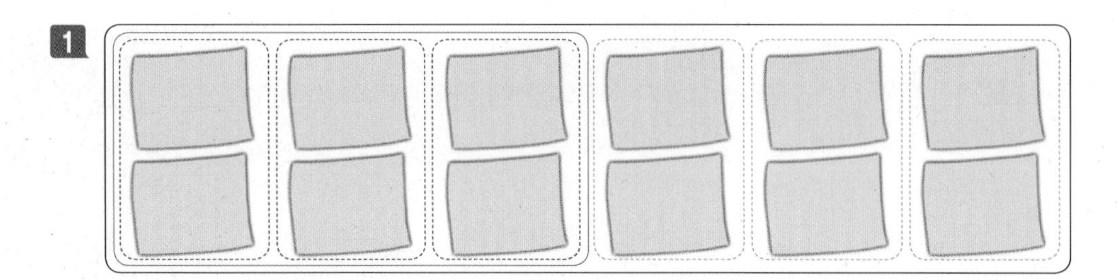

12를 2씩 묶으면 6묶음입니다. 6묶음 중의 3묶음이므로 6은 12의 $\frac{3}{6}$입니다.

2 6묶음 / 6묶음, 1묶음, $\frac{1}{6}$ / 6묶음, 2묶음, $\frac{2}{6}$ / 6묶음, 3묶음, $\frac{3}{6}$ / 6묶음, 4묶음, $\frac{4}{6}$ / 6묶음, 5묶음, $\frac{5}{6}$ / 6묶음, 6묶음, $\frac{6}{6}$ / 6묶음, 3묶음, $\frac{3}{6}$ / $\frac{3}{6}$

3 6묶음, 6묶음, 3묶음, $\frac{3}{6}$, $\frac{3}{6}$

72쪽

한 걸음 두 걸음!

1

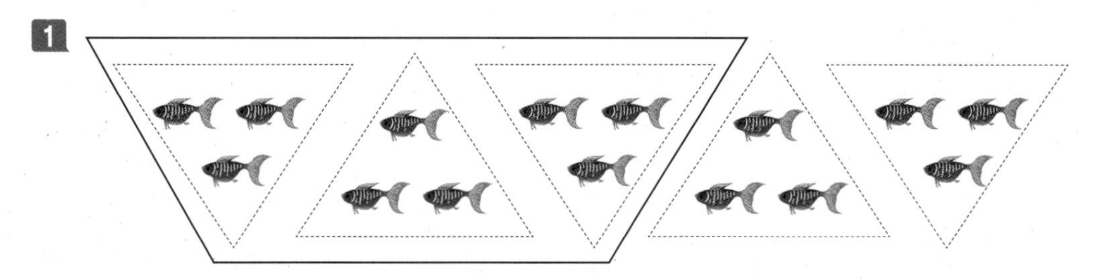

15를 3씩 묶으면 5묶음입니다. 5묶음 중의 3묶음이므로 9는 15의 $\frac{3}{5}$입니다.

2 5묶음, 5묶음 중의 1묶음이므로 $\frac{1}{5}$ / 5묶음 중의 2묶음이므로 $\frac{2}{5}$ / 5묶음 중의 3묶음이므로 $\frac{3}{5}$ / 5묶음 중의 4묶음이므로 $\frac{4}{5}$, 5묶음 중의 5묶음이므로 $\frac{5}{5}$ / 5묶음, 3묶음, $\frac{3}{5}$, $\frac{3}{5}$

3 5묶음, 5묶음, 3묶음, $\frac{3}{5}$, $\frac{3}{5}$

73쪽 **도전! 서술형!**

1

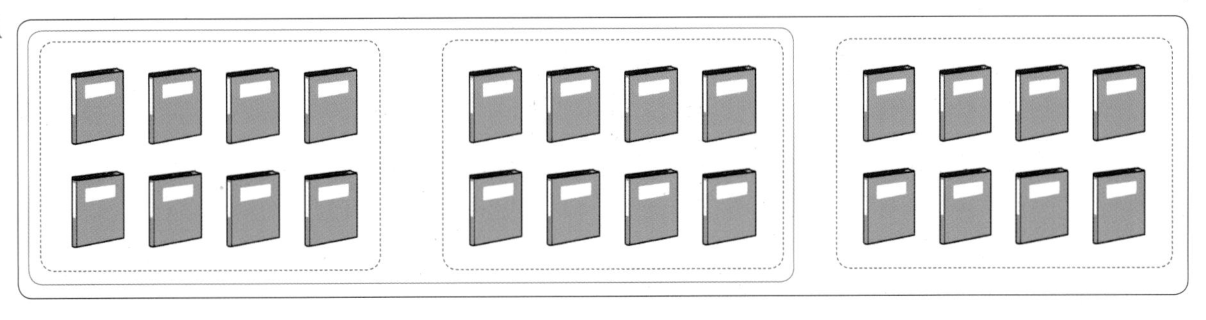

24권을 8권씩 묶으면 3묶음입니다. 3묶음 중의 2묶음이므로 16권은 24권의 $\frac{2}{3}$입니다.

2 책 24권을 8권씩 묶으면 3묶음입니다. 16권은 8권씩 묶었을 때 3묶음 중의 2묶음입니다. 3묶음 중의 2묶음은 $\frac{2}{3}$입니다.

따라서 24권을 8권씩 묶으면 16권은 24의 $\frac{2}{3}$입니다.

73쪽 **실전! 서술형!**

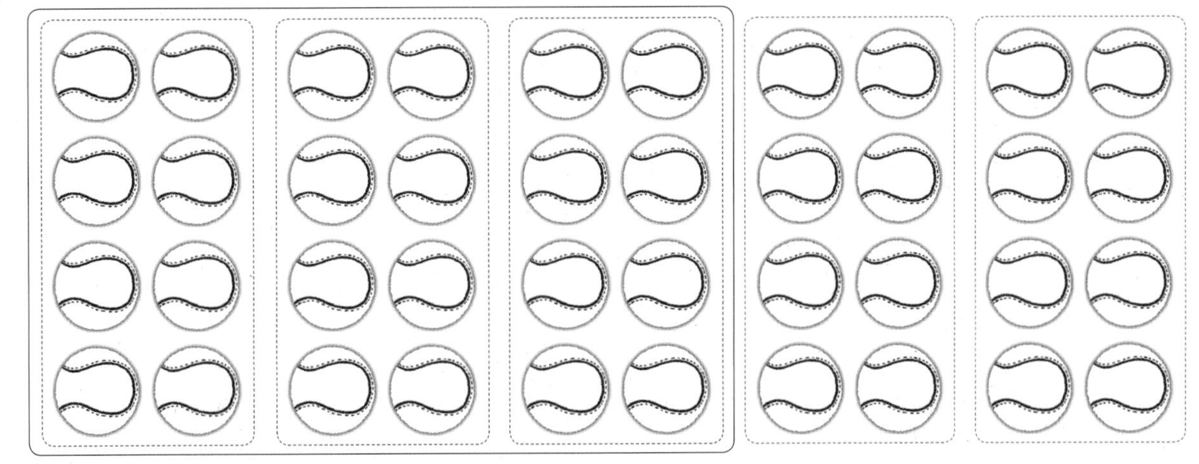

40개를 8개씩 묶으면 5묶음입니다. 5묶음 중의 3묶음이므로 24개는 40개의 $\frac{3}{5}$입니다.

야구공 40개를 8개씩 묶으면 5묶음입니다. 24개는 8개씩 묶었을 때 5묶음 중의 3묶음입니다. 5묶음 중의 3묶음은 $\frac{3}{5}$입니다.

따라서 40개를 8개씩 묶으면 5묶음입니다. 24개는 3묶음으로 40개의 $\frac{3}{5}$입니다.

75쪽

첫걸음 가볍게!

1 $\frac{3}{8}$, $\frac{2}{8}$

태우와 동생이 마신 우유의 양은 $\frac{1}{8}$이 5개이므로 $\frac{5}{8}$입니다.

2 $\frac{3}{8}$, 3 / $\frac{2}{8}$, 2 / $\frac{1}{8}$, 5, $\frac{5}{8}$ / $\frac{5}{8}$

3 3, 2, 5, $\frac{5}{8}$, $\frac{5}{8}$

76쪽

한 걸음 두 걸음!

1

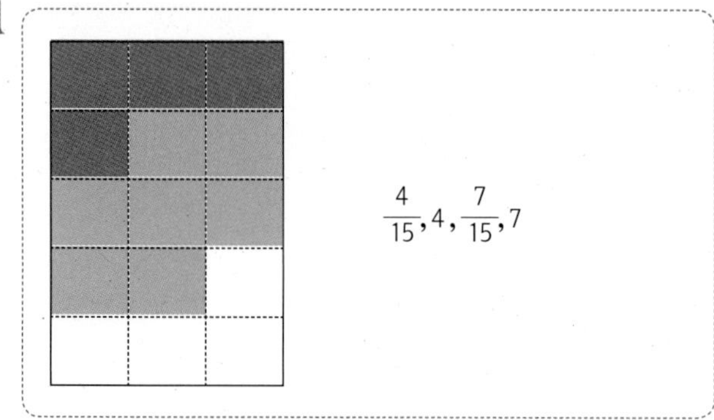

$\frac{4}{15}$, 4, $\frac{7}{15}$, 7

승엽이가 심은 과일나무는 $\frac{1}{15}$이 11개이므로 $\frac{11}{15}$입니다.

2 $\frac{4}{15}$이고 $\frac{1}{15}$이 4개 / $\frac{7}{15}$이고 $\frac{1}{15}$이 7개 / $\frac{1}{15}$이 11개이므로 $\frac{11}{15}$ / $\frac{11}{15}$

3 4, 7, 11, $\frac{11}{15}$, $\frac{11}{15}$

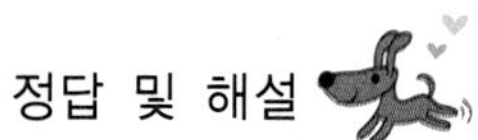

77쪽

도전! 서술형!

1

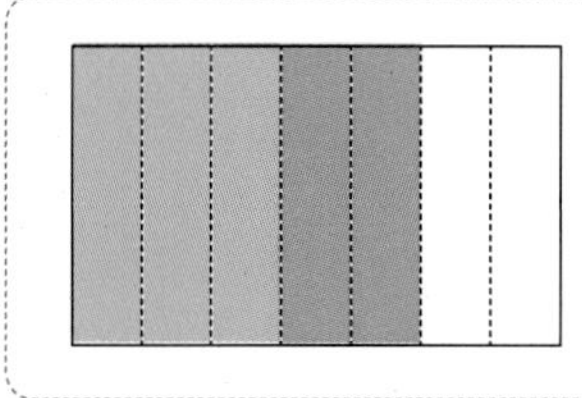

강아지를 만드는데 사용한 지점토는 $\frac{3}{7}$이고 $\frac{1}{7}$이 3개입니다.

고양이를 만드는데 사용한 지점토는 $\frac{2}{7}$이고 $\frac{1}{7}$이 2개입니다.

민정이가 사용한 지점토는 $\frac{1}{7}$이 5개이므로 $\frac{5}{7}$입니다.

2 강아지를 만드는데 사용한 지점토는 $\frac{3}{7}$이고 $\frac{1}{7}$이 3개입니다. 고양이를 만드는데 사용한 지점토는 $\frac{2}{7}$이고 $\frac{1}{7}$이 2개입니다. $\frac{3}{7}+\frac{2}{7}$는 $\frac{1}{7}$이 5개이므로 $\frac{5}{7}$로 나타냅니다. 따라서 $\frac{3}{7}+\frac{2}{7}$는 $\frac{5}{7}$입니다.

77쪽

실전! 서술형!

1)

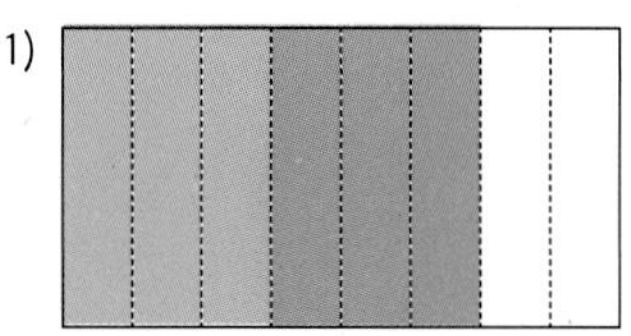

1학기에 사용한 공책은 $\frac{3}{8}$이고 $\frac{1}{8}$이 3개입니다.

2학기에 사용한 공책은 $\frac{3}{8}$이고 $\frac{1}{8}$이 3개입니다.

희원이가 사용한 공책은 $\frac{1}{8}$이 6개이므로 $\frac{6}{8}$입니다.

2) 1학기에 사용한 공책은 8권 중의 3권이므로 $\frac{3}{8}$이고 $\frac{1}{8}$이 3개입니다. 2학기에 사용한 공책은 8권 중의 3권이므로 $\frac{3}{8}$이고 $\frac{1}{8}$이 3개입니다. $\frac{3}{8}+\frac{3}{8}$은 $\frac{1}{8}$이 6개이므로 $\frac{6}{8}$로 나타냅니다. 따라서 $\frac{3}{8}+\frac{3}{8}$는 $\frac{6}{8}$입니다.

1)과 2) 중 한 가지 방법으로 설명하면 됩니다.

79쪽

첫걸음 가볍게!

1

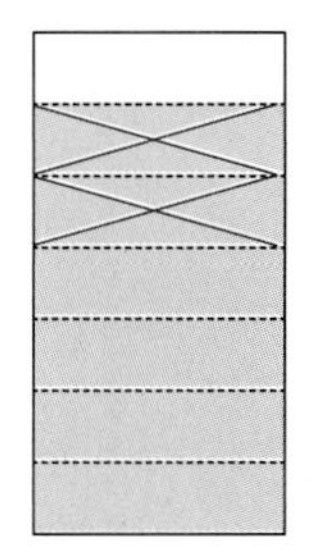

남은 주스는 $\frac{1}{7}$이 4개이므로 $\frac{4}{7}$입니다.

2 $\frac{1}{7}$, 6 / $\frac{1}{7}$, 2 / $\frac{4}{7}$

3 $\frac{1}{7}$, 6 / $\frac{1}{7}$, 2 / $\frac{4}{7}$ / $\frac{4}{7}$

80쪽

한 걸음 두 걸음!

1

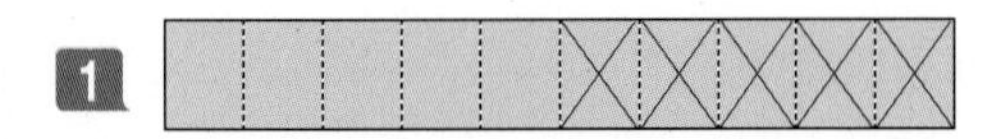

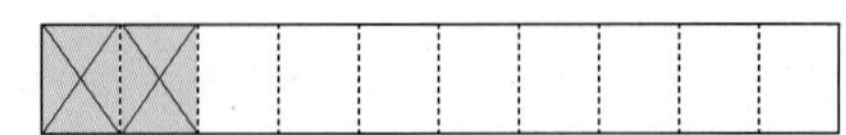

$\frac{1}{10}$이 5개 남으므로 $\frac{5}{10}$입니다.

2 $\frac{1}{10}$이 12개 / $\frac{1}{10}$이 7개 / $\frac{1}{10}$이 5개이고 $\frac{5}{10}$ / $\frac{5}{10}$

3 $\frac{1}{10}$, 12 / $\frac{1}{10}$, 7 / 5 / $\frac{5}{10}$ / $\frac{5}{10}$

81쪽

도전! 서술형!

1

남은 책은 $\frac{1}{8}$이 4개이므로 $\frac{4}{8}$입니다.

2 $\frac{7}{8}$은 $\frac{1}{8}$이 7개입니다. $\frac{3}{8}$은 $\frac{1}{8}$이 3개입니다. $\frac{7}{8}-\frac{3}{8}$은 $\frac{1}{8}$ 7개에서 $\frac{1}{8}$ 3개를 빼면 $\frac{1}{8}$이 4개입니다. 이것은 $\frac{4}{8}$입니다.
뺄셈식으로 나타내면 $\frac{7}{8}-\frac{3}{8}=\frac{4}{8}$입니다.

81쪽

실전! 서술형!

1)

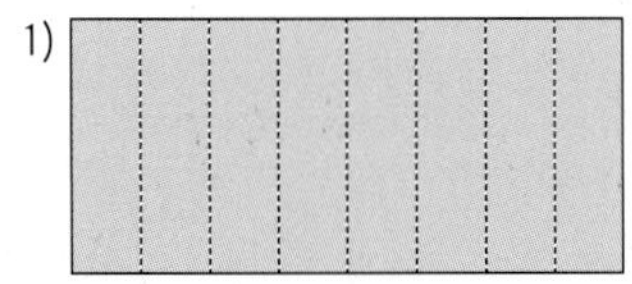

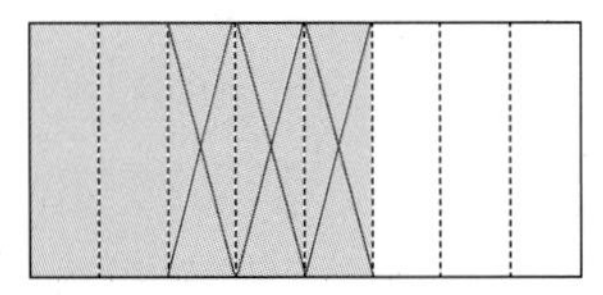

동생의 키는 $\frac{1}{8}$이 10개이므로 $\frac{10}{8}\left(=1\frac{2}{8}\right)$입니다.

2) $\frac{13}{8}$은 $\frac{1}{8}$이 13개입니다. $\frac{3}{8}$은 $\frac{1}{8}$이 3개입니다. $\frac{13}{8}-\frac{3}{8}$은 $\frac{1}{8}$ 13개에서 $\frac{1}{8}$ 3개를 빼면 $\frac{1}{8}$이 10개입니다.
이것은 $\frac{10}{8}$입니다. 뺄셈식으로 나타내면 $\frac{13}{8}-\frac{3}{8}=\frac{10}{8}$입니다. 대분수로 고치면 $1\frac{2}{8}$(m)입니다.

1), 2) 중 한 가지 방법으로 설명하면 됩니다.

82쪽

4, 2, $\frac{2}{4}$, 8, 4, $\frac{4}{8}$, 10, 5, $\frac{5}{10}$

83쪽

1 1)

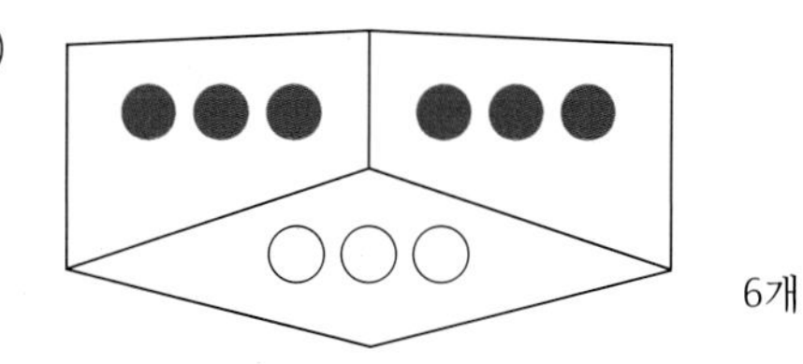

6개

2) 9의 $\frac{2}{3}$는 전체 9를 3묶음으로 똑같이 나눈 것 중의 2묶음입니다. 한 묶음은 $\frac{1}{3}$이고 3을 나타냅니다. $\frac{2}{3}$는 $\frac{1}{3}$이 2개이고, 3씩 2묶음은 6입니다.

2 1)

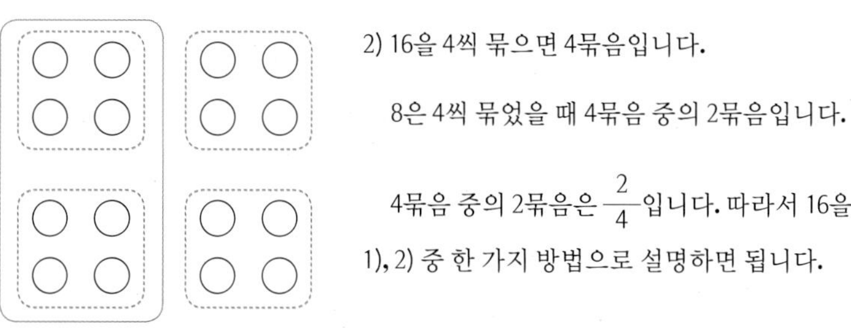

2) 16을 4씩 묶으면 4묶음입니다.

8은 4씩 묶었을 때 4묶음 중의 2묶음입니다.

4묶음 중의 2묶음은 $\frac{2}{4}$입니다. 따라서 16을 4씩 묶으면 8은 16의 $\frac{2}{4}$입니다.

1), 2) 중 한 가지 방법으로 설명하면 됩니다.

3 1)

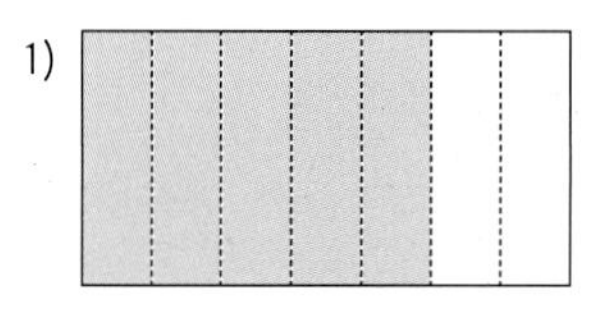

7칸 중의 3칸이므로 $\frac{3}{7}$이고 $\frac{1}{7}$이 3개입니다.

7칸 중의 2칸이므로 $\frac{2}{7}$이고 $\frac{1}{7}$이 2개입니다.

$\frac{1}{7}$이 5개이므로 $\frac{5}{7}$입니다.

2) $\frac{3}{7}$은 $\frac{1}{7}$이 3개입니다. $\frac{2}{7}$는 $\frac{1}{7}$이 2개입니다. $\frac{3}{7}+\frac{2}{7}$는 $\frac{1}{7}$이 5개입니다. 이것은 $\frac{5}{7}$입니다.

덧셈식으로 나타내면 $\frac{3}{7}+\frac{2}{7}=\frac{5}{7}$입니다.

1), 2) 중 한 가지 방법으로 설명하면 됩니다.

4 1)

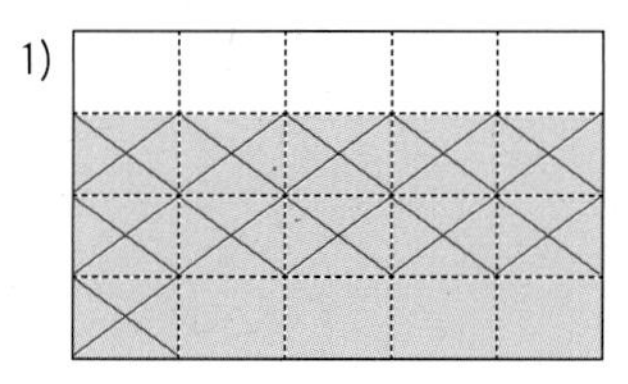

남은 페인트는 $\frac{1}{20}$이 4개이므로 $\frac{4}{20}$입니다.

2) $\frac{15}{20}$는 $\frac{1}{20}$이 15개입니다. $\frac{11}{20}$은 $\frac{1}{20}$이 11개입니다. $\frac{15}{20}-\frac{11}{20}$은 $\frac{1}{20}$이 4개입니다.

이것은 $\frac{4}{20}$입니다. 뺄셈식으로 나타내면 $\frac{15}{20}-\frac{11}{20}=\frac{4}{20}$입니다.

1), 2) 중 한 가지 방법으로 설명하면 됩니다.

5. 들이와 무게

87쪽

첫걸음 가볍게!

1

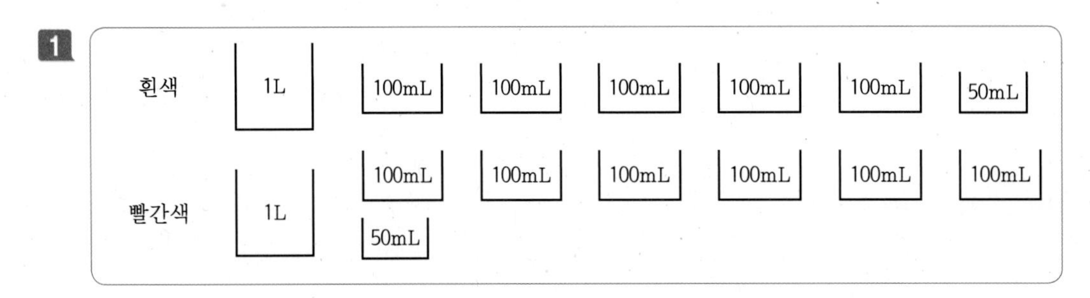

(3L 200mL)

2 ② 1, 200 ③ 1, 3, 200

3 1550, 1650, 1550, 1650, 3200 / 3, 200

4 L는 L끼리 더하여, 2, mL는 mL끼리 더하여, 1200, 3, 200

88쪽

한 걸음 두 걸음!

1

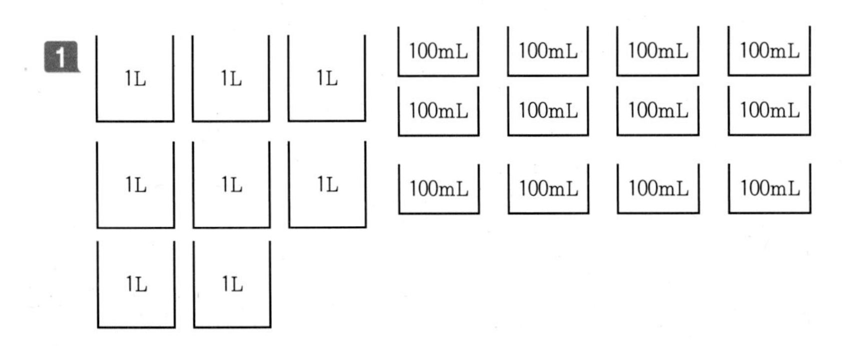

9L 200mL

2 ① 1, 200 ② 1, 9, 200

3 3800, 5400, 3800mL + 5400mL = 9200mL, 9, 200

4 같은 자리, L는 L끼리 더하여, 8 / mL는 mL끼리 더하여, 1200 / 1000, 1, 1000, 9, 200

89쪽

도전! 서술형!

1

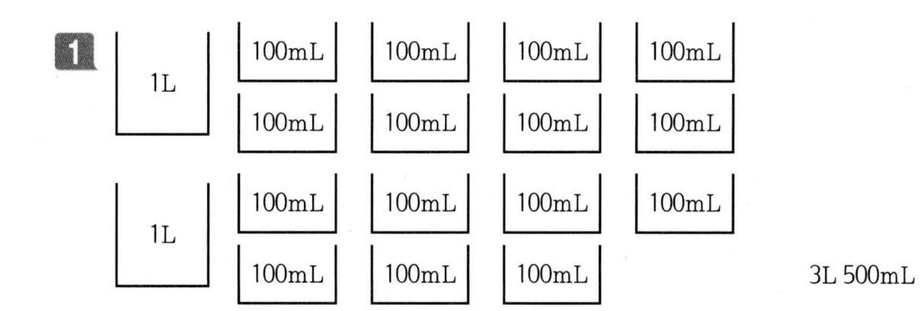

3L 500mL

2 자연수의 합을 구하는 방법에서 같은 자리끼리 더하는 것처럼 1L 800mL + 1L 700mL 는 L는 L끼리 더하여 2L이고, mL는 mL끼리 더하여 1500mL입니다. 이때 mL끼리의 합이 1000mL보다 크기 때문에 1L=1000mL를 이용하여 받아올림하여 3L 500mL로 나타냅니다.

89쪽

실전! 서술형!

1)

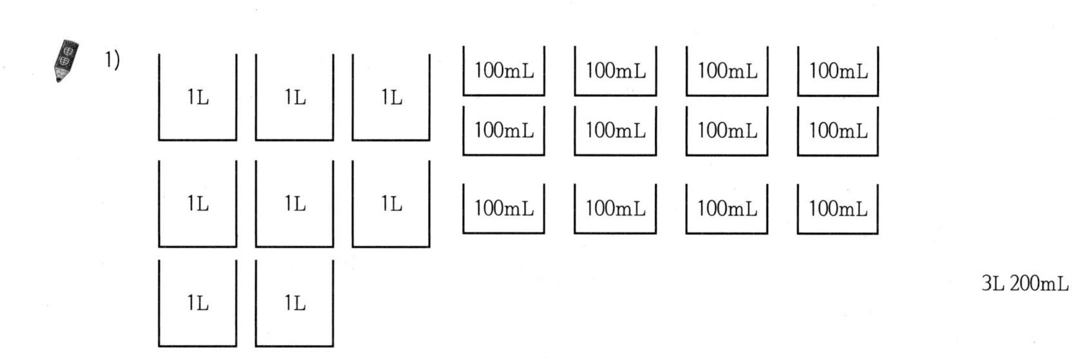

3L 200mL

2) 자연수의 합을 구하는 방법에서 같은 자리끼리 더하는 것처럼 1L 700mL + 1L 500mL는 L는 L끼리 더하여 2L이고, mL는 mL끼리 더하여 1200mL입니다. 이때 mL끼리의 합이 1000mL보다 크기 때문에 1L=1000mL를 이용하여 받아올림하여 3L 200mL로 나타냅니다.

1), 2) 중 한 가지 방법으로 설명하면 됩니다.

91쪽

첫걸음 가볍게!

1

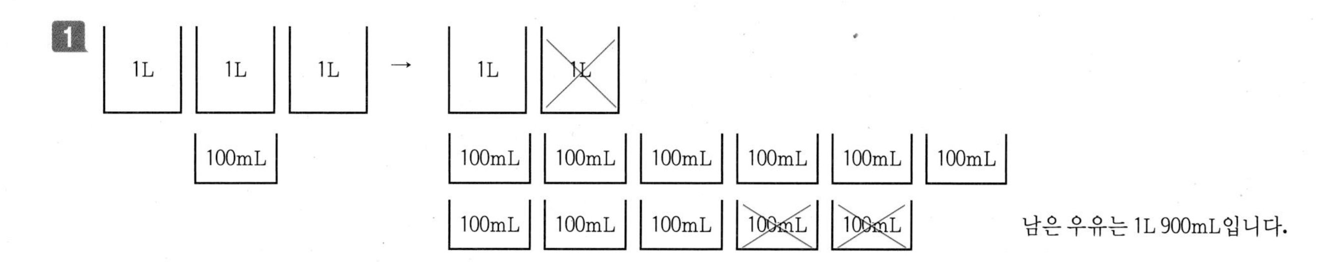

남은 우유는 1L 900mL입니다.

2 ② 2, 1000, 900 ③ 2, 1000, 1, 900

3 3100, 1200, 3100, 1200, 1900 / 1, 900

4 뺄 수 없기 때문에 3L에서 1L를 빌려와, 1000, 2, 1, 1, 900

92쪽 **한 걸음 두 걸음!**

1

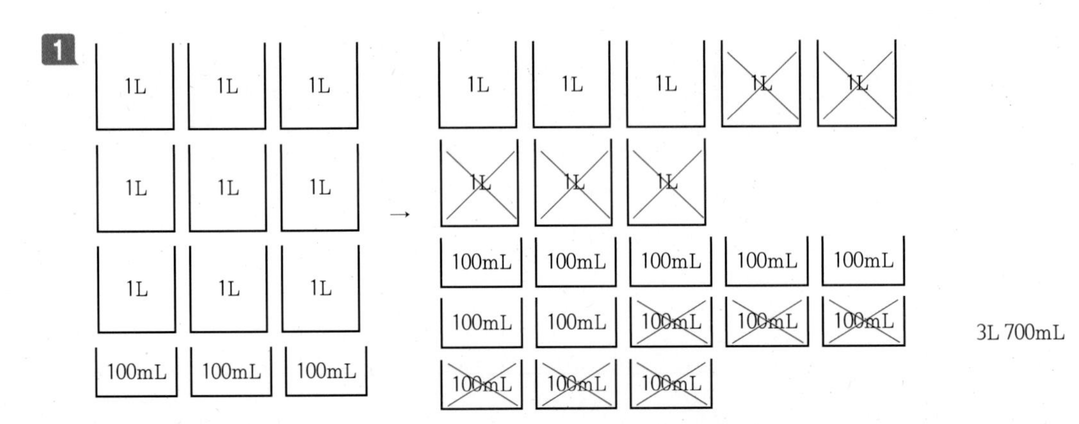

2 ② 8, 1000, 700 ③ 8, 1000, 3, 700

3 9300, 5600, 9300mL − 5600mL = 3700mL / 3, 700

4 같은 자리, 뺄 수 없기 때문에 9L에서 1L를 빌려와, 1000 / 8, 5, 3, 700

93쪽 **도전! 서술형!**

1

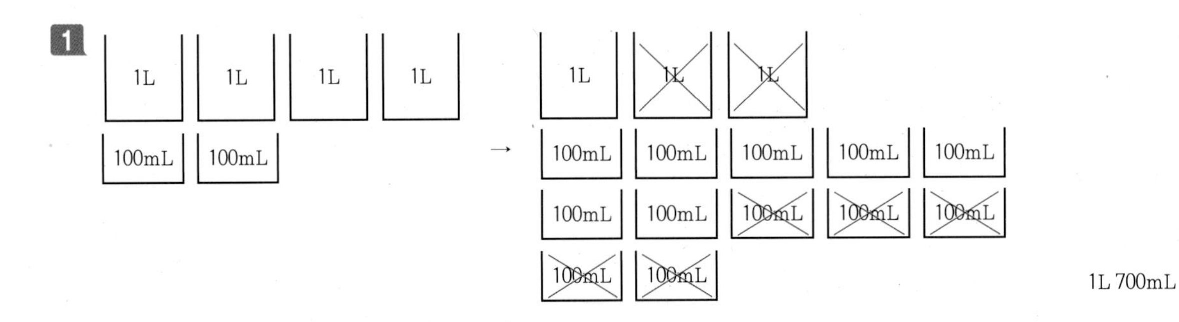

2 자연수의 차를 구하는 방법에서 같은 자리끼리 빼는 것처럼 4L 200mL − 2L 500mL는 200mL에서 500mL를 뺄 수 없기 때문에 4L에서 1L를 빌려와 1000mL로 바꾼 후 500mL를 뺍니다. 그리고 남은 3L에서 2L를 뺍니다. 남은 두 수를 모두 쓰면 1L 700mL입니다.

93쪽 **실전! 서술형!**

1)

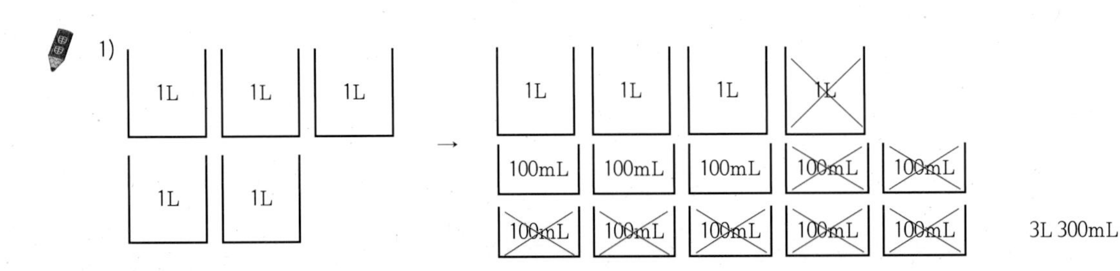

2) 자연수의 차를 구하는 방법에서 같은 자리끼리 빼는 것처럼 5L - 1L 700mL는 1L에서 700mL를 바로 뺄 수 없기 때문에 5L에서 1L를 빌려와 1000mL로 바꾼 후 700mL를 뺍니다. 그리고 남은 4L에서 1L를 뺍니다. 남은 두 수를 모두 쓰면 3L 300mL입니다.

1), 2) 중 한 가지 방법으로 설명하면 됩니다.

95쪽

첫걸음 가볍게!

1

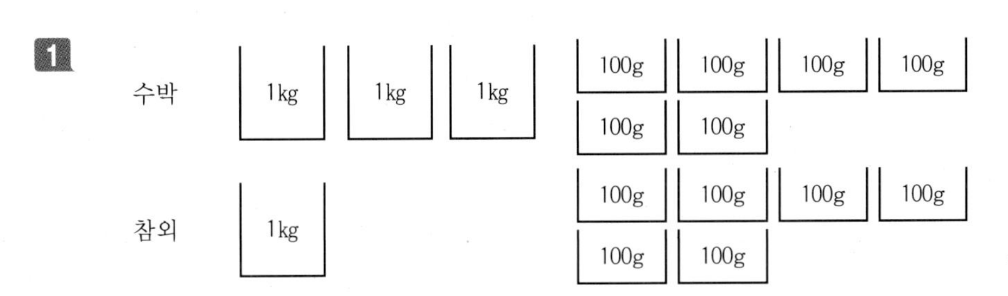

과일의 무게는 5kg 200g입니다.

2 ② 1, 200 ③ 1, 5, 200

3 3600, 1600, 3600, 1600, 5200 / 5, 200

4 kg은 kg끼리 더하여, 4, g은 g끼리 더하여, 1200, 5, 200

96쪽

한 걸음 두 걸음!

1

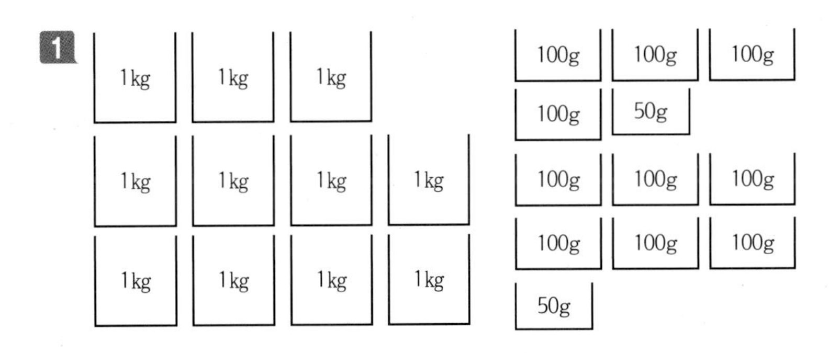

무게는 12kg 100g입니다.

2 ② 1, 100 ③ 1, 12, 100

3 3450, 8650, 3450g + 8650g = 12100g / 12, 100

4 kg은 kg끼리 더하여 11kg, g은 g끼리 더하여 1100g, 12, 100

97쪽

도전! 서술형!

1

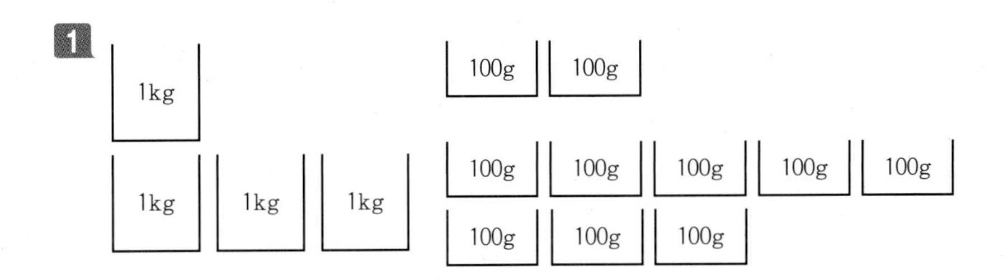

5kg

2 자연수의 합을 구하는 방법에서 같은 자리끼리 더하는 것처럼 1kg 200g + 3kg 800g 은 kg은 kg끼리 더하여 4kg이고, g은 g끼리 더하여 1000g입니다. 이때 g끼리의 합이 1000g이므로 1kg=1000g을 이용하여 받아올림하여 5kg으로 나타냅니다.

97쪽

실전! 서술형!

자연수의 합을 구하는 방법에서 같은 자리끼리 더하는 것처럼 23kg 800g+7kg 500g 은 kg은 kg끼리 더하여 30kg이고, g은 g끼리 더하여 1300g입니다. 이때 g끼리의 합이 1000g보다 크기 때문에 1kg=1000g을 이용하여 받아올림하여 31kg 300g으로 나타냅니다.

99쪽

첫걸음 가볍게!

1

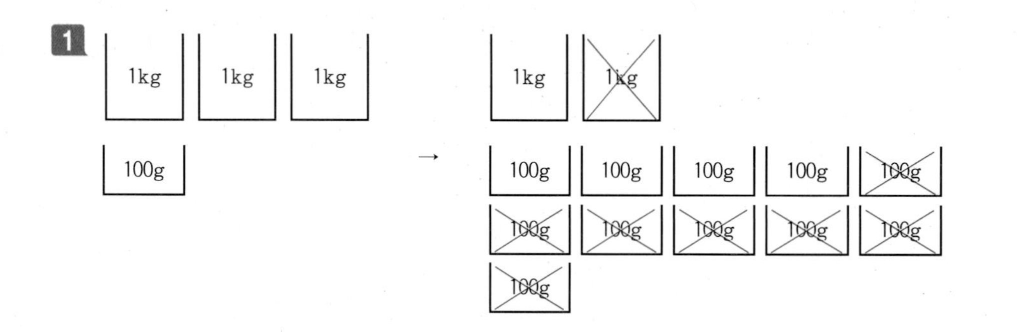

1kg 400g

2 ② 2, 400 ③ 2, 1, 400 / 받아내림, kg, kg, g, g

3 1kg을 빌려와서 / 받아내림

100쪽

한 걸음 두 걸음!

1

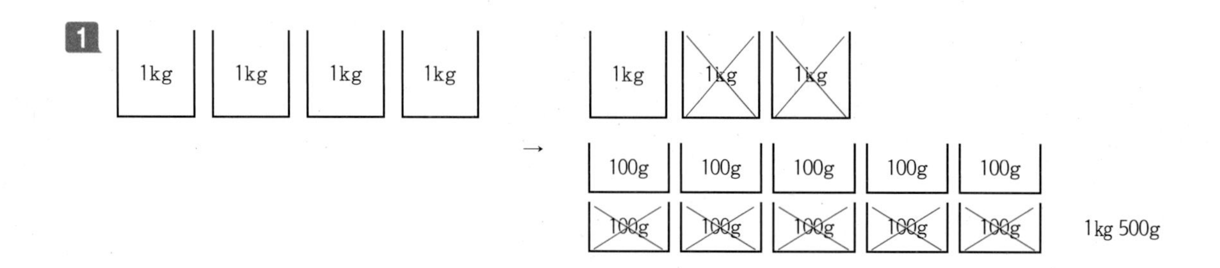

1kg 500g

2 ② 3, 1000, 500 ③ 3, 1000, 1, 500 / kg은 kg끼리, g은 g끼리, 1kg 500g

3 4kg에서 1kg를 빌려와, 받아내림

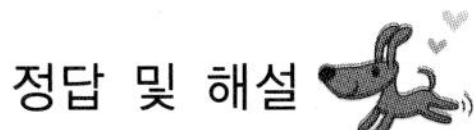

101쪽 **도전! 서술형!**

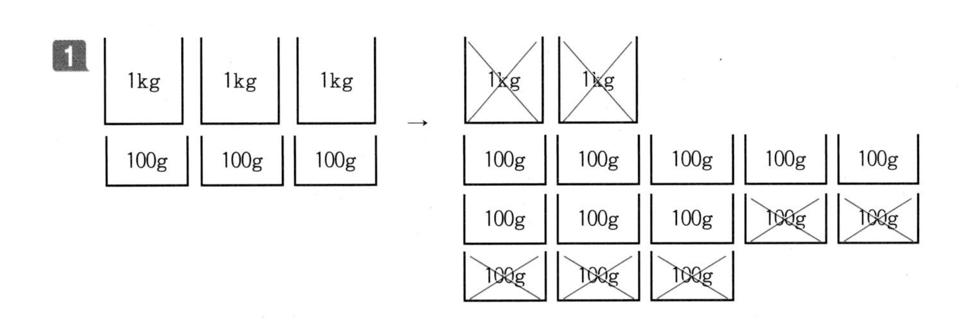

2 3kg 300g − 2kg 500g은 300g에서 500g을 뺄 수 없기 때문에 3kg에서 1kg을 빌려와 1000g으로 받아내림 한 후 500g을 뺍니다. 그리고 남은 2kg에서 2kg을 뺍니다. 남은 수를 모두 쓰면 800g입니다.

101쪽 **실전! 서술형!**

1)

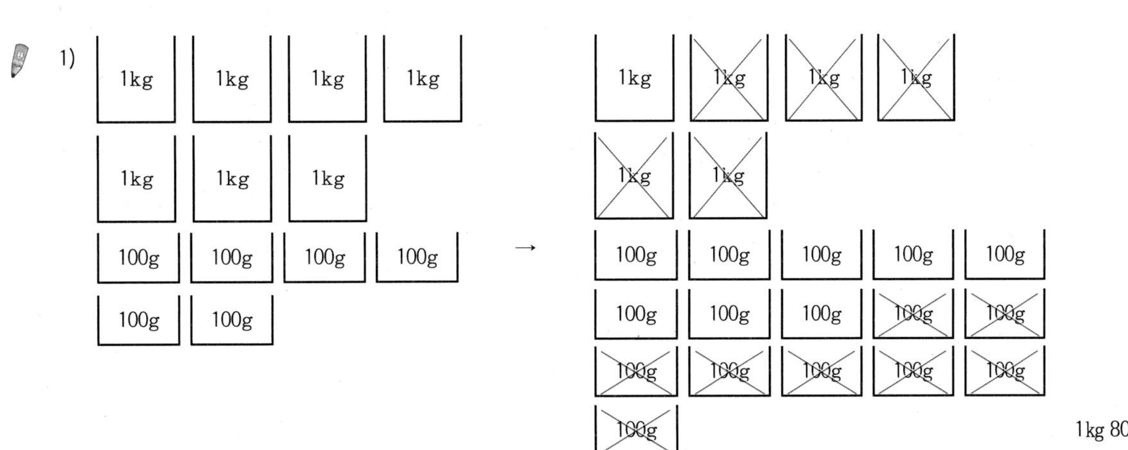

2) 7kg 600g − 5kg 800g은 600g에서 800g을 뺄 수 없기 때문에 7kg에서 1kg을 빌려와 1000g으로 받아내림한 후 800g을 뺍니다. 그리고 남은 6kg에서 5kg을 뺍니다. 남은 수를 모두 쓰면 1kg 800g입니다.

1), 2) 중 한 가지 방법으로 설명하면 됩니다.

102쪽 **Jumping Up! 창의성!**

1 2, 2, 3, 4

2 7L 물통에는 4L의 물이 남아 있습니다. 5L 물통의 물을 버립니다. 7L 물통에 있는 4L의 물을 5L 물통에 담습니다. 7L 물통에 물을 가득 담은 다음 5L 물통의 남은 부분에 1L의 물을 붓습니다. 7L 물통에는 6L의 물이 남아 있습니다.

나의 실력은?

103쪽

1 1)

$$\begin{array}{rrr} & \overset{49}{\cancel{50}\text{L}} & \overset{1000}{} \\ - & 43\text{L} & 200\text{mL} \\ \hline & 6\text{L} & 800\text{mL} \end{array}$$

2) 50L − 43L 200mL 는 200mL를 빼기 위해서 50L에서 1L를 빌려온 뒤 1000mL로 바꾼 후 200mL를 뺍니다. 그리고 남은 49L에서 43L를 뺍니다. 남은 두 수를 모두 쓰면 6L 800mL입니다.

3) 50L − 43L 200mL에서 50L는 50000mL, 43L 200mL는 43200mL이므로 50000mL − 43200mL = 6800mL입니다. 이것을 L와 mL를 모두 사용하여 나타내면 6L 800mL입니다.

2 1), 2), 3) 중 한 가지 방법으로 설명하면 됩니다.

1)

$$\begin{array}{rrr} & \overset{1}{6\text{L}} & 750\text{mL} \\ + & 25\text{L} & 600\text{mL} \\ \hline & 32\text{L} & 350\text{mL} \end{array}$$

2) 6L 750mL + 25L 600mL 는 L는 L끼리 더하여 31L이고, mL는 mL끼리 더하여 1350mL입니다. 이때 mL끼리의 합이 1000mL보다 크기 때문에 1L=1000mL를 이용하여 받아올림하여 32L 350mL로 나타냅니다.

3) 6L 750mL는 6750mL, 25L 600mL는 25600mL이므로 6750mL + 25600mL = 32350mL입니다. 이것을 L와 mL를 모두 사용하여 나타내면 32L 350mL입니다.

3 1), 2), 3) 중 한 가지 방법으로 설명하면 됩니다.

1)

$$\begin{array}{rrr} & \overset{1}{4\text{kg}} & 500\text{g} \\ + & 3\text{kg} & 600\text{g} \\ \hline & 8\text{kg} & 100\text{g} \end{array}$$

2) 4kg 500g + 3kg 600g 은 kg은 kg끼리 더하여 7kg이고, g은 g끼리 더하여 1100g입니다. 이때 g끼리의 합이 1000g보다 크기 때문에 1kg=1000g을 이용하여 받아올림하여 8kg 100g으로 나타냅니다.

3) 4kg 500g은 4500g, 3kg 600g은 3600g이므로 4500g + 3600g = 8100g입니다. 이것을 kg과 g을 모두 사용하여 나타내면 8kg 100g입니다.

4 잘못된 점은 8kg 100g − 1kg 300g을 계산할 때에는 100g에서 300g을 빼야 하는데, 300g에서 100g을 뺀 것이 잘못되었습니다. 이 식을 바르게 계산하면 다음과 같습니다.

$$\begin{array}{rrr} & \overset{7}{\cancel{8}\text{kg}} & \overset{1000}{100\text{g}} \\ - & 3\text{kg} & 300\text{g} \\ \hline & 6\text{kg} & 800\text{g} \end{array}$$

6. 자료의 정리

107쪽

첫걸음 가볍게!

1 100, 10

2 100, 10, 6, 600

3 큰 그림, 100, 작은 그림, 10, 2, 4, 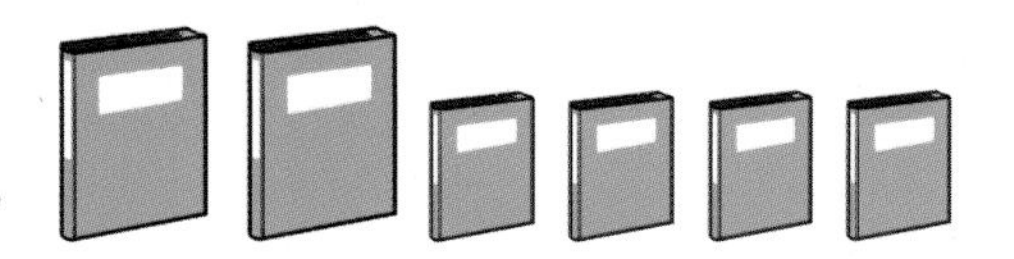

108쪽

한 걸음 두 걸음!

1 10, 1

2 큰 그림은 학생 10명, 작은 그림은 학생 1명, 4, 1, 41

3 큰 그림은 학생 10명, 작은 그림은 학생 1명, 1, 4, 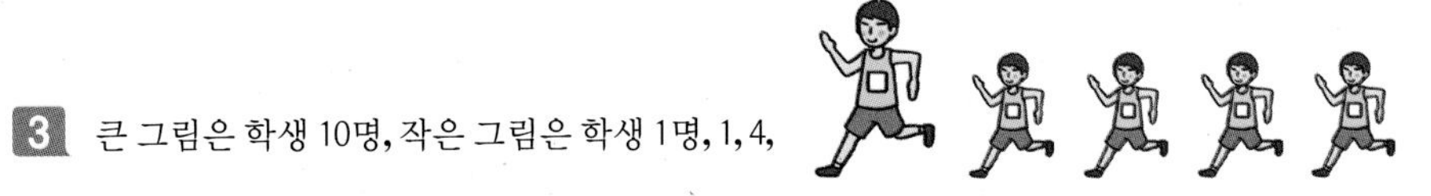

109쪽

도전! 서술형!

1 큰 그림은 도토리 10개, 작은 그림은 도토리 1개를 나타냅니다.

2 큰 그림은 도토리 10개를 나타내고 작은 그림은 도토리 1개를 나타냅니다. 토토가 먹은 도토리는 모두 22개인데 큰 그림 4개로 표현하여 40개로 나타내었습니다.

3 , 토토가 먹은 도토리는 모두 22개로 큰 그림 2개와 작은 그림 2개로 나타내야 합니다.

110쪽

실전! 서술형!

 그림 그래프에서 큰 그림은 복숭아 100상자를 나타내고 작은 그림은 복숭아 10상자를 나타냅니다. 달빛마을의 복숭아 생산량을 나타낸 그림은 큰 그림 4개와 작은 그림 2개로 모두 420상자를 나타냅니다. 따라서 달빛마을의 복숭아 생산량은 240상자로 큰 그림 2개와 작은 그림 4개로 나타내야 합니다.

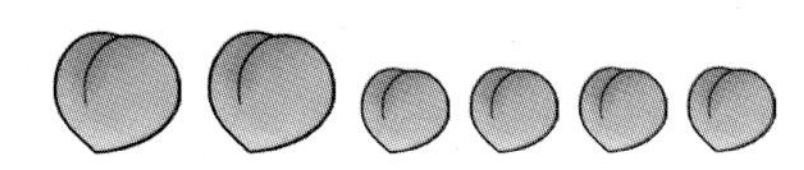

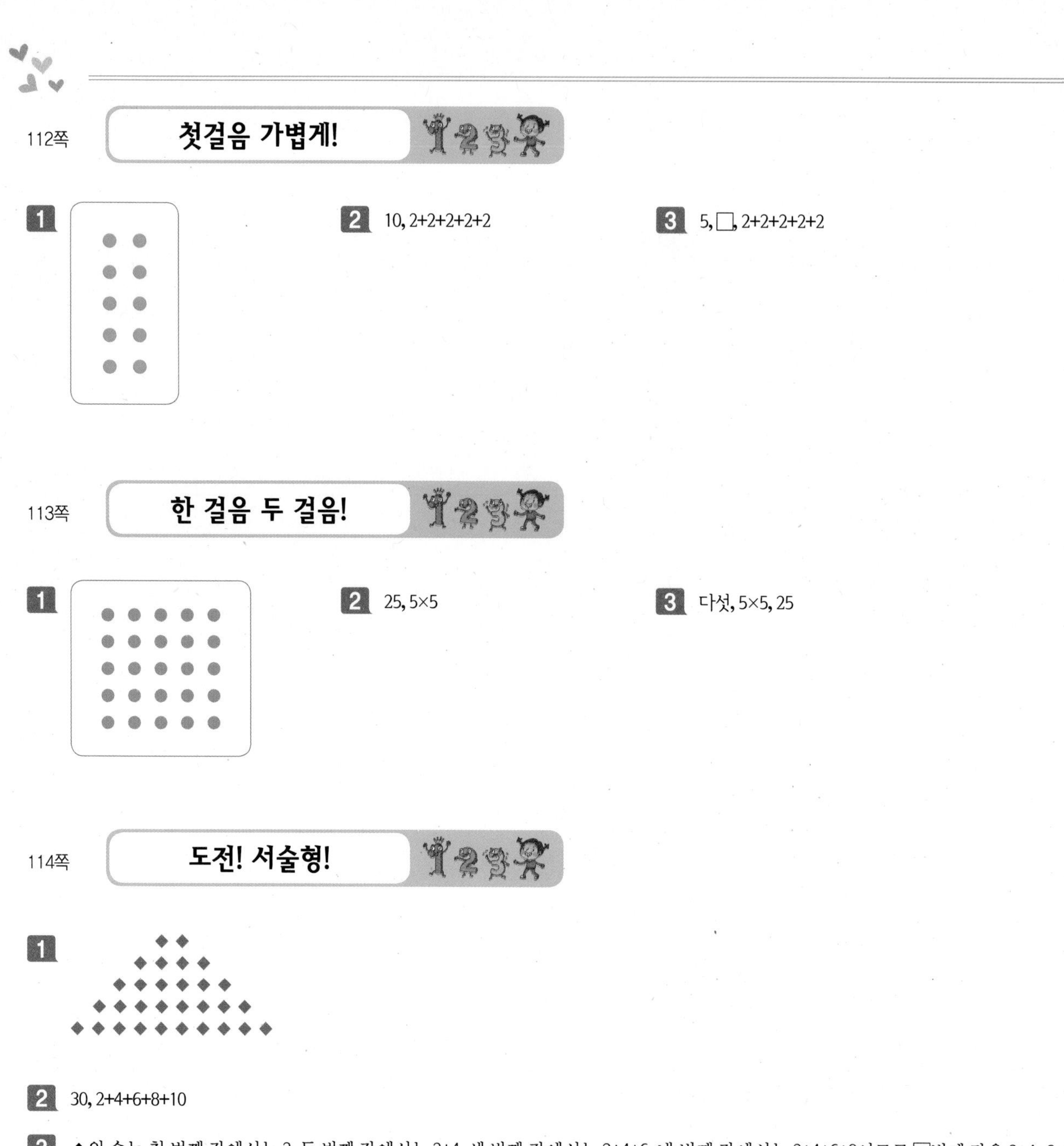

112쪽

첫걸음 가볍게!

1

2 10, 2+2+2+2+2

3 5, □, 2+2+2+2+2

113쪽

한 걸음 두 걸음!

1

2 25, 5×5

3 다섯, 5×5, 25

114쪽

도전! 서술형!

1

2 30, 2+4+6+8+10

3 ◆의 수는 첫 번째 칸에서는 2, 두 번째 칸에서는 2+4, 세 번째 칸에서는 2+4+6, 네 번째 칸에서는 2+4+6+8이므로 □번째 칸은 2+4+6+8+10으로 계산하여 구합니다. 즉 다섯 번째 칸에서는 30으로 늘어납니다.

115쪽

실전! 서술형!

▶▶▶▶▶▶▶▶▶▶▶▶▶▶▶▶
▶▶▶▶▶▶▶▶
▶▶▶▶
▶▶
▶

▶의 수는 첫 번째 칸에서는 1, 두 번째 칸에서는 1+2, 세 번째 칸에서는 1+2+4, 네 번째 칸에서는 1+2+4+8이므로 다섯 번째 칸에서는 1+2+4+8+16으로 늘어납니다.

나의 실력은?

117쪽

1 그림그래프에서 큰 그림은 10명을 나타내고 작은 그림은 1명을 나타냅니다. 그런데 배구를 좋아하는 학생은 작은 그림 5개로 표현하여 5명으로 되어있습니다. 배구를 좋아하는 학생은 14명이므로 큰 그림 1개, 작은 그림은 4개로 그려야 합니다.

2 ▲의 수는 첫 번째 칸에서는 1, 두 번째 칸에서는 1+2, 세 번째 칸에서는 1+2+3, 네 번째 칸에서는 1+2+3+4이므로 열 번째 칸에서는 1+2+3+4+5+6+7+8+9+10으로 늘어납니다. 따라서 열 번째 칸에 들어갈 수는 55입니다.

저자약력

김진호

미국 컬럼비아대학교 사범대학 수학교육과
교육학박사
2007 개정 교육과정 초등수학과 집필
2009 개정 교육과정 초등수학과 집필
한국수학교육학회 학술이사
대구교육대학교 수학교육과 교수
Mathematics education in Korea Vol.1
Mathematics education in Korea Vol.2
구두스토리텔링과 수학교수법
수학교사 지식
영재성계발 종합사고력 영재수학 수준1,
수준2, 수준3, 수준4, 수준5, 수준6
질적연구 및 평가 방법론

홍선주

대구교육대학교 초등수학교육 석사 졸업
대구수학연구교사
학업성취도평가 문항개발 특별연구교사
공교육정상 운영 점검단
교육과정 전문가 컨설턴트
2009개정교육과정 1-2학년군 교과서 집필위원
2009개정교육과정 5-6학년군 교과서 심의위원
영재성계발 종합사고력 영재수학 수준1
대구동평초등학교 교감

박기범

대구교육대학교 초등수학교육 석사 졸업
영재성계발 종합사고력 영재수학 수준3
대구명곡초등학교 교사

완전타파
과정 중심 서술형 문제 3학년 2학기

2017년 8월 25일 1판 1쇄 인쇄
2017년 8월 30일 1판 1쇄 발행

공저자 : 김진호 · 홍선주 · 박기범
발행인 : 한 정 주
발행처 : 교육과학사

저자와의 협의하에 인지생략

경기도 파주시 광인사길 71
전화(031)955-6956~8/팩스(031)955-6037
Home-page : www.kyoyookbook.co.kr
E-mail : kyoyook@chol.com
등록: 1970년 5월 18일 제2-73호

낙장 · 파본은 교환해 드립니다.
Printed in Korea.

정가 14,000원
ISBN 978-89-254-1122-4
ISBN 978-89-254-1119-4(세트)